北京西城街区整理城市设计导则

Beijing Xicheng District Urban Design Guidelines

－街道胡同公共空间品质提升－

北京市规划和国土资源管理委员会规划西城分局　　主编
北京建筑大学建筑与城市规划学院

中国建筑工业出版社

图书在版编目（CIP）数据

北京西城街区整理城市设计导则/北京市规划和国土资源管理委员会规划西城分局，北京建筑大学建筑与城市规划学院主编. —北京：中国建筑工业出版社，2018.3

ISBN 978-7-112-21607-9

Ⅰ. ①北… Ⅱ. ①北… ②北… Ⅲ. ①城市道路 – 城市规划 – 建筑设计 – 西城区 Ⅳ. ① TU984.191

中国版本图书馆 CIP 数据核字（2017）第 300196 号

责任编辑：兰丽婷　付　娇　杜　洁
责任校对：焦　乐

北京西城街区整理城市设计导则

北京市规划和国土资源管理委员会规划西城分局
北京建筑大学建筑与城市规划学院　　主编
*
中国建筑工业出版社出版、发行（北京海淀三里河路 9 号）
各地新华书店、建筑书店经销
北京富诚彩色印刷有限公司印刷
*
开本：880×1230 毫米　1/16　印张：11½　字数：386 千字
2018 年 1 月第一版　2018 年 4 月第二次印刷
定价：96.00 元
ISBN 978-7-112-21607-9
　　　（31219）

编委会

城市设计让城市更美
Urban Design Make Better City

城市让生活更美好。作为一座古老而又现代的城市——首都北京，正健步走在建设国际一流和谐宜居之都的康庄大道上。进入故宫博物院，宏大精美的建筑群和数量惊人的珍贵文物，一定让你震撼；行走在神州第一街——长安街，你会感到无比自豪和骄傲；穿行一条条青砖灰瓦的胡同，你会感慨历史文化的深厚底蕴；走过名人故居，你会被那些仁人志士所折服……

这就是拥有 3000 多年建城史、800 多年建都史的北京城，伴随着改革开放，已成为开展国际外交、展现大国风采的国际化大都市。中轴线是北京城设计的典范，是留给后人的宝贵财富。西城区地处中轴线西侧，是北京营城建都的肇始之地，历史悠久，作为北京市首都功能核心区的重要组成部分，在历史文化传承、核心功能承载、人居环境塑造方面一直起着举足轻重的作用。

新时代开启新征程。《北京城市总体规划 (2016 年—2035 年)》，是首都发展的法定蓝图。北京市委书记蔡奇同志提出核心区地位特殊、责任重大，是全市工作的重中之重，要努力建设政务环境优良、文化魅力彰显和人居环境一流的核心区、国际一流的和谐宜居之都首善之区。这些都对西城区的城市工作提出了更高的要求。

2017 年，西城区在全市率先探索实施街区整理，通过优化功能配置、业态调整升级、空间布局整理、风貌特色塑造、秩序长效管控、街区文化培育等措施，系统设计与整治修补，改善人居环境，全面提升城市品质。为更好地推动街区整理工作，西城区研究制定了街区整理城市设计导则，依托街区这个人居基本单元，对城市空间、功能、建筑、环境、公服等进行统一化、标准化设计，实现街区整体风貌的协调、功能的优化、环境的美化，实现人与环境的和谐统一，进一步提升人居品质，不断增强人民的获得感、幸福感和安全感。

人民日益增长的美好生活需要，对城市管理提出了更高要求，也需要更具人文情怀和精湛高超的城市设计。此次印发的《北京西城街区整理城市设计导则》，是一次新的城市设计尝试，是城市设计领域的新探索，是特大型城市核心区品质提升的新手段。在此，代表编委会向大家的辛勤付出，表示衷心的感谢！

人民城市人民建，人民城市为人民。在推进街区整理工作中，在落实城市设计导则过程中，都要广泛动员群众参与，听取群众意见，汇集群众智慧，凝聚群众力量，把西城区建设得更加美好。

编委会
2017 年 12 月

中南海新华门（孟嘉慧 摄）

前言
Introduction

前言 Introduction

背景意义 Background

1. 背景意义

中国城市发展已经进入新的发展时期。中共中央十九大做出了中国特色社会主义进入了新时代、主要矛盾发生重大转变的科学判断，提出了习近平新时代中国特色社会主义思想，围绕"两个一百年"的奋斗目标做出了战略性安排和系统性部署，这为北京的城市工作提供了根本遵循，也指明了前进方向。

2014年和2017年，习近平总书记两次视察北京，对北京的发展提出殷切希望，提出建设和管理好首都，是国家治理体系和治理能力现代化的重要内容，首都规划务必坚持以人为本，贯通历史、现状、未来，统筹人口资源环境，让历史文化与自然生态永续利用、与现代化建设交相辉映。城市规划在城市发展中起着重要引领作用。北京城市规划要深入思考"建设一个什么样的首都，怎样建设首都"这个问题，不断朝着建设国际一流、和谐宜居之都的目标前进。2015年12月20日，时隔37年后中央城市工作会议再次举行，会议提出了"一尊重五统筹"的城市建设思路，转变城市发展方式，完善城市治理体系，提高城市治理能力，解决城市病等突出问题。2017年9月，《北京城市总体规划（2016年—2035年）》获得批复，以党中央、国务院名义批复北京城市总体规划，在北京历史上是第二次，在全国是唯一的，充分体现了党中央、国务院对首都工作的高度重视和亲切关怀。未来北京要建成国际一流的和谐宜居之都，建成富强民主文明和谐美丽的社会主义现代化强国首都、更加具有全球影响力的大国首都和超大城市可持续发展的典范。

西城区是古都北京的发祥地及核心地带，同时具有光荣的革命传统，是北京最早传播马克思主义的主要地区之一。区内形成了众多各具特色的街区，比如中南海地区，国家部委集中的三里河地区，国家金融管理机构和金融机构聚集的金融街地区，北京展览馆、天文馆、动物园等荟萃的西直门外地区，以及什刹海、大栅栏、白塔寺、西四北头条到八条、琉璃厂、法源寺等众多历史文化街区，功能类型多样，空间形态丰富。但是，在发展的过程中，北

发展愿景 Vision

京市包括西城区也出现了令人心痛的"大城市病"，人口资源环境矛盾突出，影响了首都功能的发挥，影响了服务保障水平的提升。同时，城市精细化管理水平不高，治理污染、改善环境、缓解交通拥堵等还需下更大气力，一些背街小巷存在脏乱差等问题。

纵观世界上的大都市，街区的公共空间和街道是城市公共活动最为频繁发生的场所。高品质的空间环境、丰富的公共生活、多样的城市文化，赋予了街区和街道不同的性格特征。一些著名的街道，如巴黎的香榭丽舍大街、柏林的菩提树大街等，已成为城市的象征和标志。

西城区作为首都功能核心区的主要组成部分，依据城市总体规划的功能定位，是全国政治中心、文化中心和国际交往中心的核心承载区，是历史文化名城保护的重点地区，是展示国家首都形象的重要窗口地区。市委书记蔡奇同志提出，西城区要发扬"红墙意识"，将其落实到"四个服务"、落实到为中央党政机关高效开展工作创造良好条件上来。要抓好"疏解整治促提升"专项行动，腾退空间优先用于"留白增绿"，补足便民服务设施。要建设首都文明窗口，擦亮老城金名片，办好群众"家门口"的事，让老城有故事、有温度，让人们记得住乡愁，找得到老北京记忆。

近些年来，西城区不断推进科学治理，推动发展和管理转型，提升城市发展品质，道路等市政基础设施建设逐步完善，绿化空间大幅度增加，公共休闲空间进一步拓展，一些街区和街巷胡同风貌明显改观，环境更加宜居，但与国际一流水平相比还有很大差距，部分地区公共空间品质不高，配套服务设施欠缺，城市文明和管理服务水平有待提升。街区整理即是在这样的背景下提出的。街区整理，是在对西城区区域单元进行细致划分和详细诊断分析的基础上，通过系统设计与整治修补，改善人居环境，提升城市品质。街区整理是西城区贯彻落实新精神和新要求，高标准做好"四个服务"，保护好古都风貌，有序疏解非首都功能，补充完善城市基本服务功能，更好保障首都职能履行、更好服务市民生活宜居、更好展现城市文化风采的有效途径和工作模式。

导则特点 Characteristics

本导则即是为保障街区整理科学推进而制定的技术文件。从世界范围来看，首都城市、世界城市等都在不断根据发展需求编制城市设计导则或街道设计导则，并积极付诸实施，营造具有活力、宜人、美观的高品质公共空间环境，促进城市的可持续发展。本导则的编制，立足西城区实际，进行了大量的现场调研，借鉴国内外优秀案例，主动衔接和落实市级部门要求，反复征求专家学者意见，在编制过程中注重公众参与，认真听取人大代表、政协委员、社区群众和驻区单位等各方意见和建议，汇集了各方智慧。导则的出台，对于西城区开展街区整理、形成一张蓝图绘到底的生动实践具有积极的指导和促进意义。

2. 发展愿景

- 安全健康：保障首都公共空间的安全、健康，维护核心区的长治久安。
- 文化弘扬：保护历史文化名城古都的特色风貌，促进传统文化和现代文明的交相辉映。
- 井然有序：规范各类设施的规划、建设和管理，确保各项活动的安排文明有序。
- 绿色生态：构建生态效益显著的生态网络，营造多样丰富的绿色景观系统。
- 舒适宜人：完善优质均衡的公共服务配套体系，塑造典雅、亲切、宜人的高品质环境。

3. 导则特点

- 承上启下：本导则立足区级层面，结合西城区实际，对上承接北京市市级层面的相关要求，对下引导街道办事处范围、重点片区、重点街道胡同等各层次街区整理的城市设计相关工作。
- 政策集成：本导则集成了现有城市规划、建设、管理主要文件的要领，并将西城区近几年一些实施效果较好的案例简要列举作为参考。
- 现状提升：本导则针对西城区是城市建成地区、主要任务是存量空间改造提升的特点，尊重历史，因地制宜，制定可操作性强的规划引导策略。

导则应用 Application

- 类型覆盖：本导则源于对现状街道胡同公共空间情况的归纳提炼，力争做到总结概括的划分类型覆盖到全区，针对不同类型的特点，制定有针对性的规划指引。
- 动态开放：本导则着眼地区发展的动态可能，充分考虑到现有认识的局限性，坚持动态开放的原则，可根据比较特殊或新出现的实际情况，对类型和规划指引不断细化、补充、完善和更新。

4. 导则应用

本导则旨在梳理西城区街区中的街道胡同现状情况，分类指导，统筹规划、建设和管理的相关要求，明确基本概念和设计要求，加强宣传普及，促进全社会形成对街道胡同公共空间和设计方法的理解与共识。

本导则将全区分成两类区域，一类是一般建成区，另一类是传统风貌区。在一般建成区里，本导则主要适用于除机动车道以外的道路公共空间。在传统风貌区中，本导则主要适用于胡同空间。还有一些特色街道胡同，因为定位、功能、地理位置和环境等情况比较特殊，故不在本导则具体指导范围内，但导则中一些原则性要求对这些特色街道胡同也适用。

对于城市街区和街道胡同的规划、建设和管理，北京市已出台了大量规划、建筑、文物、消防、人防、道路、绿化、市容管理等相关法规、规章、规范、标准和指导意见，应依法以已发布的相关文件为准。本导则是西城区城市设计的指导性文件，用于指导各街区的进一步细化城市设计工作，而本身并非具体设计方案。本导则的使用，应在实践中不断完善。如果遇到需要突破现有规范的实施情况，应进行专家论证，确保安全底线。

本导则面向专业读者与大众读者，包括与街道胡同空间相关的设计者、建设者和管理者，以及街道胡同空间使用者和广大市民。设计者主要包括规划、城市设计、建筑、景观、市政、文物修缮等专业设计师，管理者主要包括各级政府和部门以及社区组织的管理人员。本导则希望通过公开出版发行，推动相关城市规划、建设和管理知识的普及。

西单北大街（石延 摄）

目录
Contents

大栅栏街（梁健 摄）

第一部分
城市与街道
Part 1
City and Streets

第一章 历史沿革 Chapter 1 Historical Development of Beijing

1.1949 年前 Prior to 1949

中国传统营城理念下的"胡同—四合院"城市形态
"Hutong-Quadrangle Courtyard" City Form under Chinese Traditional City Planning Theory

　　中国传统营城理念形成了北京老城的街巷格局和城市肌理。历经蓟城、唐幽州、辽南京、金中都各个时期的城市建设后，元大都为今日北京老城奠定了基本格局，胡同体系形成于此，是明清乃至今天北京老城街道的雏形。元大都全城共有南北干道和东西向干道各 9 条，形成"坊"，呈现出规则的长方形街坊和棋盘状的有序形态。元大都的街道，规划整齐，经纬分明，南北干道占主导地位。干道宽约 25 米，胡同宽约 6—7 米。《析津志》载：元大都街制，"大街二十四步阔，小街十二步阔。三百八十四火巷，二十九弄通"。其著名街道有"千步廊街、丁字街、十字街、钟楼街、半边街、棋盘街"。明清时期由于人口增加，坊被细分，院落街巷进一步细分，街道胡同数量有所增加，但在尺度上基本延续了原有模式。

　　以 1840 年鸦片战争为标志，中国步入了半封建半殖民地的近代社会。1860 年《北京条约》签订后，外国使节和传教士得到允许进入北京，在城内兴建教堂，使馆建筑集中在东交民巷。民国初期，北京新建了有轨电车系统，建设了清华大学、燕京大学、协和医学院等一批文化教育机构。随着外国文化的大规模传入，在中国国土上除了传统的古代建筑仍在延续、演变之外，外来的建筑样式逐渐多起来，使中国近代建筑呈现出中与西、古与今、新与旧多种体系并存、碰撞与交融的错综复杂状态，但总体上仍保持了原有的传统城市格局和风貌。

　　在长期的发展历程中，"胡同—四合院"成为北京老城的主要空间形态，形成了独特的空间肌理和街巷格局，承载了北京悠久的历史文化，孕育了北京丰富的城市生活。

图 1-1 清末前门外大街

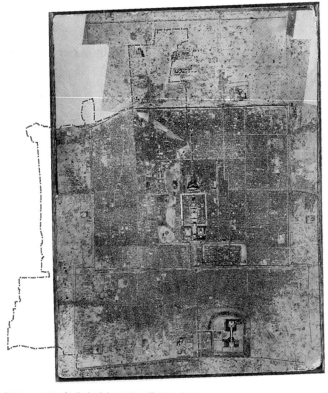

图 1-2 1943 年北京城与西城区范围示意图

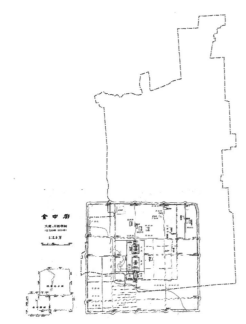

图 1-3 金中都与西城区范围示意图

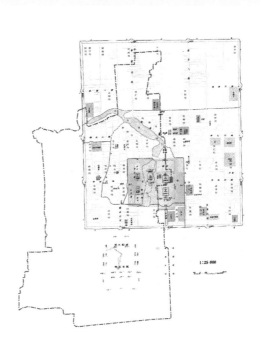

图 1-4 元大都与西城区范围示意图

图 1-5 明北京城与西城区范围示意图

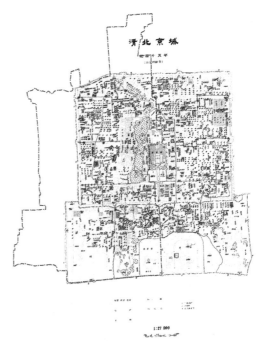

图 1-6 清北京城与西城区范围示意图

2.1949—1978 年 From 1949 to 1978

苏联城市规划系统影响下的"环路＋放射"路网体系与街廓格局
The Road Network System and Block Pattern of "Ring Road + Radiated Road" Influenced by Soviet Urban Planning Theory

新中国成立后，苏联城市规划模式整体性进入中国，对北京城市规划及建设产生了深厚的影响。在规划思想上，其一是改造老城，其二是将北京建设成为大型的工业城市作为发展目标。在上述思想的指导下，北京城以天安门广场为核心，向外辐射建立行政中心。老城内部增加城市干道，街道尺度发生了明显改变。自 1953 年开始外部城墙拆除，此后在原有位置上建设环路，放射出方形切角的环形快速路，初步奠定了北京的城市格局和主干道、快速路体系。苏联对城市道路分类划分的方式也对北京道路体系的设立产生了重要影响。城市道路采用入城干道及高速公路、游览大道及区域干道、住宅道路 3 个层级 7 种类型。

老城地区新道路和新功能的引入使得原有"胡同—四合院"的模式改变，开始出现"大街区、宽马路"的城市格局。天安门广场和长安街沿线地区成为改造的重点地区，大尺度的道路体系伴随着大体量的建筑出现，博物馆、展览馆、办公大楼等出现在城市的中心地区。与此同时，苏联居住小区理论的引入也使得一批新的居住地区出现在老城外城和城外地区，如南城地区的白纸坊、虎坊桥小区和城外的百万庄小区等。

苏联城市规划体系在北京城市发展中留下的"环路＋放射"路网体系与街廓格局，形成了北京城鲜明的"中国传统＋苏联模式"的复合格局，使得原有传统中国城市空间格局中杂糅进了新的城市肌理与路网街巷。

这一时期的城市生活转向以工业化生产为主导，城市公共空间的建设和使用更多地体现了满足社会主义初期建设的需求和满足居民基本的生活需求。

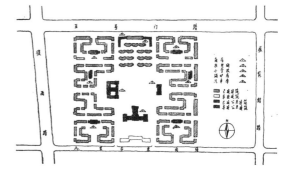

图 1-7 百万庄居住区规划

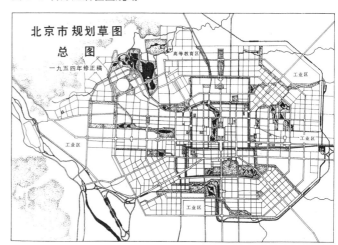

图 1-8 北京 1954 年城市总体规划

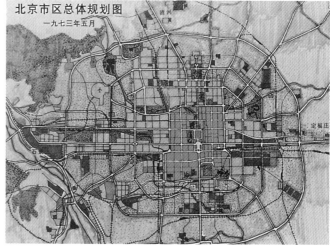

图 1-9 北京 1973 年城市总体规划

图 1-10 复兴门东、北、南（1955 年）

图 1-11 西四南大街（1955 年）

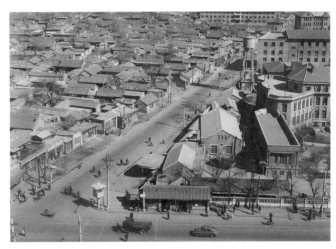

图 1-12 赵登禹路 （1962 年）

图 1-13 新街口南大街（1958 年）

图 1-14 什刹海（1954 年）

图 1-15 西四南大街（1955 年）

图 1-16 西四牌楼（1955 年）

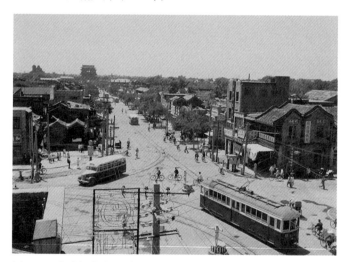

图 1-17 宣武门内大街（1955 年）

图 1-18 西长安街（1958 年）

图 1-19 西直门外大街（1962 年）

图1-20 人民大会堂（1959年）

图1-21 三里河四部一会办公楼（1958年）

图1-22 百万庄居住区（1958年）

图1-23 北京天文馆（1956年）

图1-24 全国政协（1955年）

图1-25 北京展览馆（1958年）

3.1978年后 After 1978

改革开放后西方规划理念影响下道路系统的发展和城市空间的多元化
The Development of Road System and Diversification of Urban Space under the Influence of Western Planning Theory after the Reform and Opening-up

　　改革开放后，城市发展以经济建设为核心，北京进入了城市空间拓展的快速发展时期。西方规划理念的引入对北京城市规划建设开始产生影响，城市功能区的进一步调整划分，轨道交通、快速路和宽马路快速增加，市场经济使得城市街区的开发强度持续增加，城市空间的类型更加多元化，传统城市空间肌理、宽马路、方盒子、玻璃幕、折中风格混合并存。

　　在原有长安大街的基础上，平安大街和两广大街的建设形成了老城内东西向的干道，二环高架完成，新街口大街至菜市口大街形成中轴以西的南北干道，老城以内的主要道路骨架体系形成。由于机动车的数量快速增加，城市道路体系建设的重点在于增加机动车的通行能力，道路数量增加的同时道路断面宽度也在增加，轨道交通快速发展。在老城地区，机动车道路的扩张在改善交通的同时，也进一步切分了原有"胡同—四合院"城市肌理的整体感。

　　新的居住、办公、商业、娱乐休闲、演艺等不同功能地区随着城市发展而进一步发展。金融街、德胜科技园、马连道茶叶特色区等主要产业功能地区形成。西单、什刹海、大栅栏、琉璃厂、天桥等地区逐步发展。

　　这一时期随着经济发展，城市生活呈现出多样化的发展势态，随之而来的城市公共空间也呈现出多元化的建设势态。

图 1-26 1982 年版北京城市总体规划

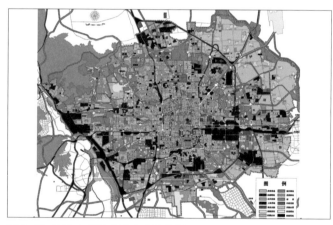

图 1-27 1993 年版北京城市总体规划

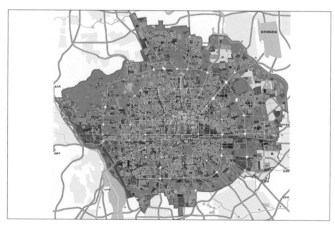

图 1-28 北京城市总体规划（2004—2020 年）

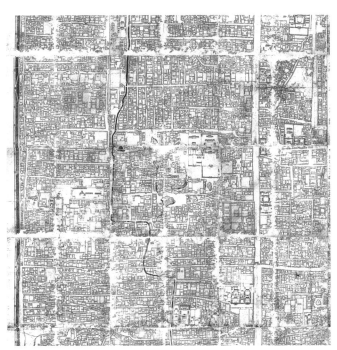

图 1-29 金融街片区肌理图（1750 年乾隆京师全图 局部）

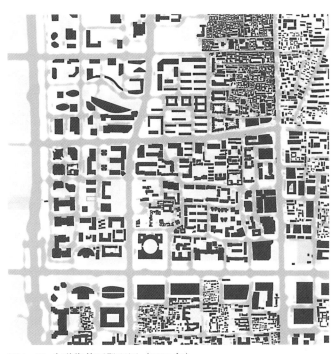

图 1-30 金融街片区肌理图（2016 年）

图 1-31 大栅栏片区肌理图（1750 年乾隆京师全图 局部）

图 1-32 大栅栏片区肌理图（2016 年）

图 1-33 西单

图 1-34 金融街

图 1-35 烟袋斜街

图 1-36 马连道茶城

图 1-37 大栅栏街

图 1-38 牛街危改小区

4．当下生活 Present Life

丰富多样的城市生活
Diversified City Life Styles

随着中国城市进入新的发展时期，文化消费、创意经济、网络经济的兴起，使得城市生活发生了新的转变，人们对于城市公共空间的需求随之发生改变，总体上更加侧重文化生活和精神生活的追求。

城市多样化的文化设施建设丰富了文化生活。国家大剧院、国家话剧院积极建设成为国家表演艺术的最高殿堂和中外文化交流的最大平台，天桥艺术中心等文化设施提供了丰富多彩的文化活动，繁星戏剧村、德云社的发展积极发扬了民间艺术。万松老人塔、燕翅楼中国书店24小时店等将传统文化资源与当代文化需求良好地结合起来。小型绿化空间的建设支持了居民的日常文化生活。

丰富的文化资源培育了新的创意产业，以满足人们日益增长的文化需求，以文化消费、艺术设计、广告传媒、古玩交易等为主要类别的文创产业为原有的城市地区发展注入新的活力。琉璃厂街的艺术品交易吸引着各方来客，依托原有厂房更新而成的"新华1949"文化创意产业聚集区、依托历史文化街区而形成的杨梅竹斜街吸引着创意阶层的入驻，地区呈现出新的面貌。

新的网络经济、共享经济孕育而生，共享单车、网络购物、无人超市等新业态的出现改变了人们的出行方式、购物方式，原有的城市公共空间承接的城市生活也在随之转变，体验式活动成为城市公共空间的主导因素。

在新的城市发展阶段中，体验与交往的需求成为城市公共空间完善提升的主要目标，与此同时，不同人群对城市公共空间的细分需求也进一步推动了空间环境的精细化管理。

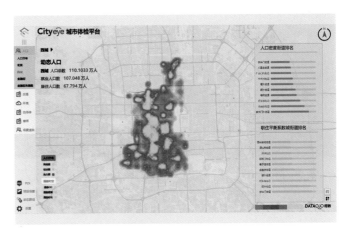

图1-39 大数据分析：西城区人口分布热力图（源于手机信令数据）

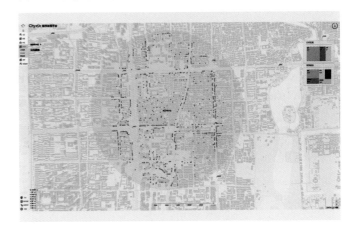

图1-40 大数据分析：白塔寺地区公共服务设施分布图（源于百度POI数据）

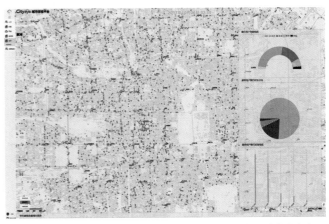

图1-41 大数据分析：共享单车停放位置图（源于摩拜单车数据）

图 1-42 国家大剧院

图 1-43 西四地铁出入口

图 1-44 天桥艺术中心

图 1-45 国家话剧院

图 1-46 新华 1949

图 1-47 人定湖公园

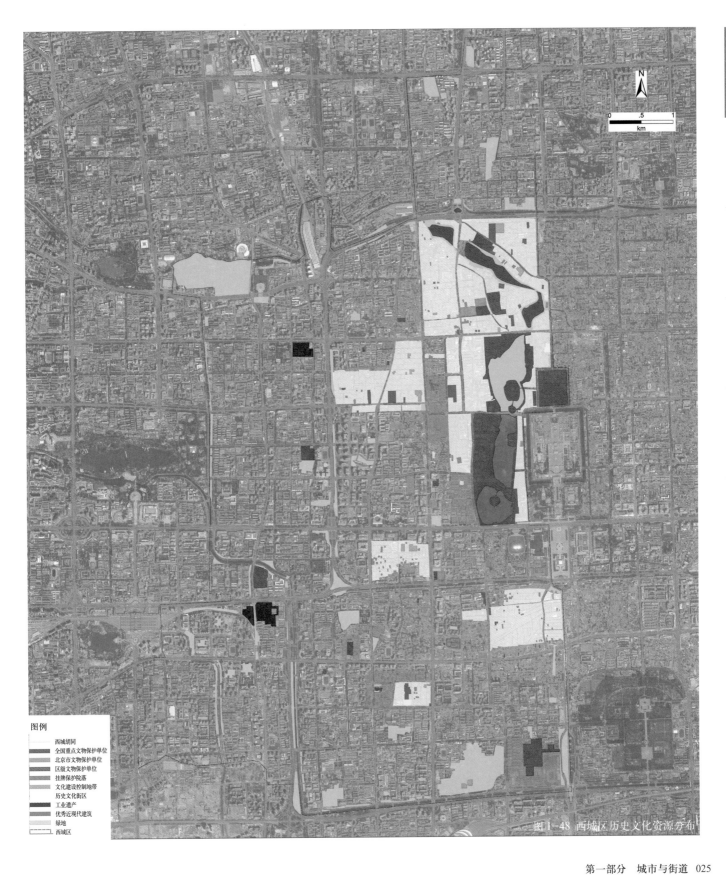

N

0 .5 1
km

图例
西城胡同
全国重点文物保护单位
北京市文物保护单位
区级文物保护单位
挂牌保护院落
文化建设控制地带
历史文化街区
工业遗产
优秀近现代建筑
绿地
西城区

图1-48 西城区历史文化资源分布

第二章 现状分类 Chapter 2 Classification of Current Situations

1. 街区分类 Blocks Classification

西城区的街区依据风貌形态，可划分为一般建成区（面积约为 38.9 平方公里）和传统风貌区（总面积约为 11.8 平方公里，其中历史文化街区约 10.2 平方公里，风貌协调区约 1.6 平方公里）。

在一般建成区和传统风貌区中，与《北京市西城区城市环境分类分级管理标准体系》相协调，主要依据功能，将一般建成区分为政务活动、金融商务、金融科技、繁华商业、交通枢纽、公共休闲、生活居住 7 类；传统风貌区分为政务活动、特色商业、文化休闲、生活居住 4 类，共计 11 类区域。

一般建成区

- 政务活动区是主要党政机关办公的区域。
- 金融商务区是国家金融管理中心、金融机构、金融产业、金融商务服务的主要聚集区域，主要是指金融街。
- 金融科技区是科技创新企业聚集区，主要是指中关村科技园区西城园德胜街区。
- 繁华商业区是零售商业聚集、交易频繁的地区。
- 交通枢纽区是各种大型交通设施汇集的区域，主要是指西直门、北京北站地区。
- 公共休闲区是为市民提供休闲娱乐、游览、观赏、休憩、文化体育和科教活动的开放式城市公共空间，主要是指大型体育设施和公园。
- 生活居住区是以居住功能为主的住宅生活区域。

传统风貌区

- 政务活动区是在传统风貌区内主要党政机关办公的区域。
- 特色商业区是在传统风貌区内老字号等零售商业聚集、交易频繁的地区。
- 文化休闲区是在传统风貌区内为市民提供休闲娱乐、

游览、观赏、休憩、文化体育和科教活动的开放式城市公共空间，主要是指什刹海地区。
- 生活居住区是在传统风貌区内以居住功能为主的住宅生活区域。

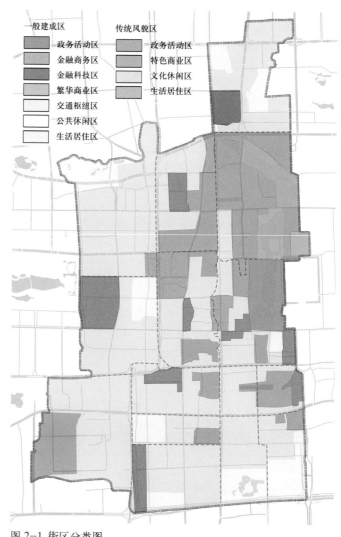

图 2-1 街区分类图

2. 道路系统与分级 Road System and Classification

道路是保障各种交通工具和行人出行的基础设施。城市道路是城市快速路、城市主干道、城市次干道、城市支路的总称。除道路路面外，还包括交通附属设施、道路绿化、道路红线范围内的市政设施和公共服务设施。城市道路红线内空间既是交通空间，也是重要的城市公共空间，包括红线内地上及地下空间。

在一般建成区中，城市道路应按道路在道路网中的地位、交通功能以及对沿线的服务功能等，分为快速路、主干路、次干路、支路四个等级。

城市道路等级　　　　　　表 2-1

道路等级	设计车速	推荐红线宽度
快速路	60—80 公里／小时	60—80 米
主干路	40—60 公里／小时	40—60 米
次干路	30—50 公里／小时	30—45 米
支路	20—40 公里／小时	15—25 米

图 2-2 西二环

图 2-3 阜成门外大街

图 2-4 南礼士路

图 2-5 榆树馆胡同

在传统风貌区中，胡同是主要的街道形式，参考《北京旧城 25 片历史文化保护区保护规划》中的胡同分类，传统风貌区中的胡同等级分为 4 类：3 米以下、3—5 米、5—7 米、7 米以上。

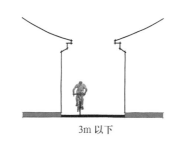

3m 以下

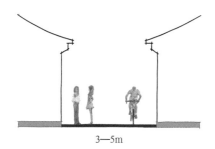

3—5m

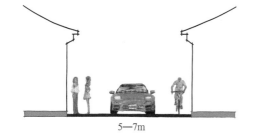

5—7m

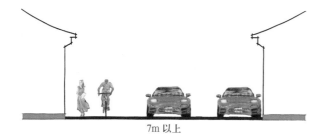

7m 以上

图 2-6 胡同分类剖面图

图 2-7 九湾胡同

图 2-8 西河沿街

图 2-9 西四北四条

3. 街道胡同公共空间分类 Street Public Spaces Classification

街道胡同按所处区位的不同，主要分为3类：一般建成区街道、传统风貌区胡同和特色街道。本导则对前2类街道胡同的公共空间环境提升进行规划指引。

街道胡同公共空间按空间范畴可划分为两个主要部分：水平界面和垂直界面。水平界面和垂直界面里要素的分类主要参考《城市道路服务设施设置与管理规范》和《核心区背街小巷环境整治提升设计管理导则》。

一般建成区街道水平界面主要包括：地面铺装，市政箱体，市政井盖，无障碍设施，停车泊位，阻车装置，自行车停放，绿植，景观设施，隔断，街道照明，临时围挡，城市道路公共服务设施，架空线等；垂直界面主要包括：屋面，墙体，外立面门窗，卷帘门和防盗设施，雨棚和雨搭，台阶和散水，室外家用设备，室外公用设施，门牌、楼牌和街巷牌，文物标识，历史文化资源说明牌，牌匾标识，广告，公益宣传品，公告栏，建筑照明等。

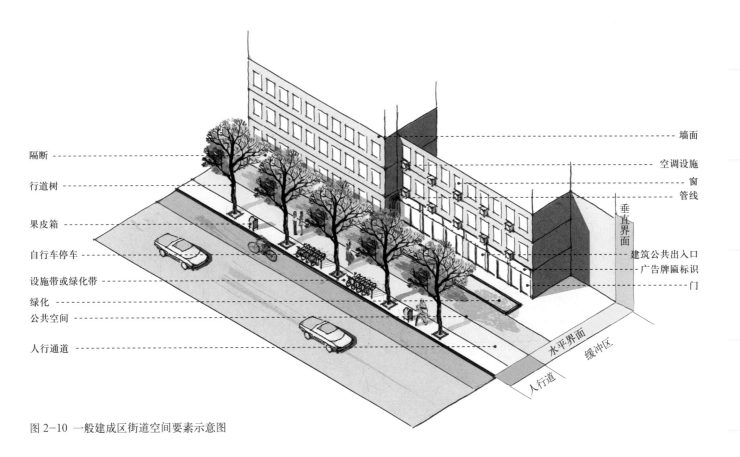

图2-10 一般建成区街道空间要素示意图

传统风貌区胡同的水平界面主要包括：地面铺装，市政箱体，市政井盖，无障碍设施，停车组织，阻车装置，自行车停放，绿植，景观设施，胡同照明，临时围挡，城市道路公共服务设施，架空线等；垂直界面主要包括：屋面，墙体，檐口，构筑物和装饰构件，油漆彩画、传统门楼，墙帽，外立面门窗，卷帘门和防盗设施，雨棚和雨搭，台明、台阶和散水，旗杆座，室外家用设备，室外公用设施，门牌、楼牌和街巷牌，文物标识，历史文化资源说明牌，牌匾标识，广告，公益宣传品，公告栏，建筑照明等。

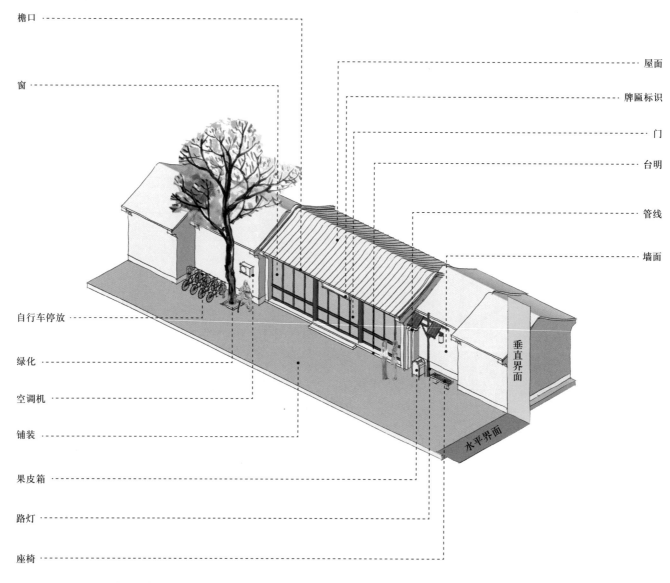

檐口
窗
屋面
牌匾标识
门
台明
管线
墙面
自行车停放
绿化
空调机
铺装
果皮箱
路灯
座椅
垂直界面
水平界面

图 2-11 传统风貌区胡同空间要素示意图

一般建成区街道空间现状类型

　　针对现状街道空间的情况，从分析临街道每块用地与街道的关系出发，综合考虑街道空间的水平界面和垂直界面，归纳建筑、公共空间、绿化、隔断、人行道、行道树、出入口之间的关系，一般建成区街道空间初步可分为9大类，在9大类型的基础上，可以按照建筑层数、使用功能、建筑布局的特点对类型进一步细分。分类如下：

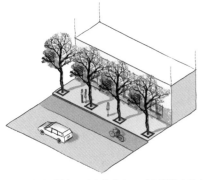

类型1 有行道树＋无公共出入口（人行道直接与建筑相接，建筑底层无公共出入口，人行道有行道树）

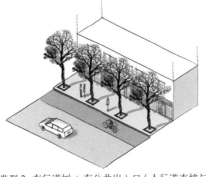

类型2 有行道树＋有公共出入口（人行道直接与建筑相接，建筑底层有公共出入口，人行道有行道树）

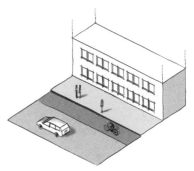

类型3 无行道树＋无公共出入口（人行道直接与建筑相接，建筑底层无公共出入口，人行道无行道树）

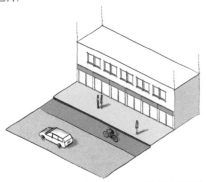

类型4 无行道树＋有公共出入口（人行道直接与建筑相接，建筑底层有公共出入口，人行道无行道树）

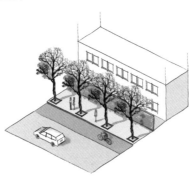

类型5 有行道树＋有围墙（人行道直接与围墙相接，人行道有行道树）

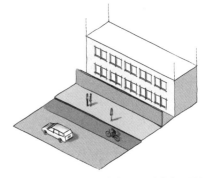

类型6 无行道树＋有围墙（人行道直接与围墙相接，人行道无行道树）

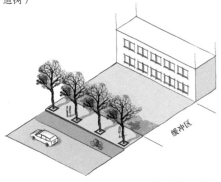

类型7 有行道树＋缓冲区（公共空间、绿化空间、隔断）＋无公共出入口（人行道与建筑之间有缓冲区，缓冲区内包括公共空间、绿化及隔断，建筑底层无公共出入口，人行道有行道树）

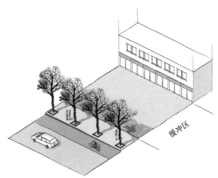

类型8 有行道树＋缓冲区（公共空间、绿化空间、隔断）＋有公共出入口（人行道与建筑之间有缓冲区，缓冲区内包括公共空间、绿化及隔断，建筑底层有公共出入口，人行道有行道树）

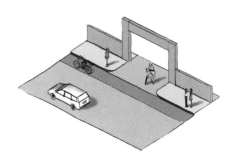

类型9 出入口

图2-12 一般建成区街道空间现状9大类型示意图

现状类型 1

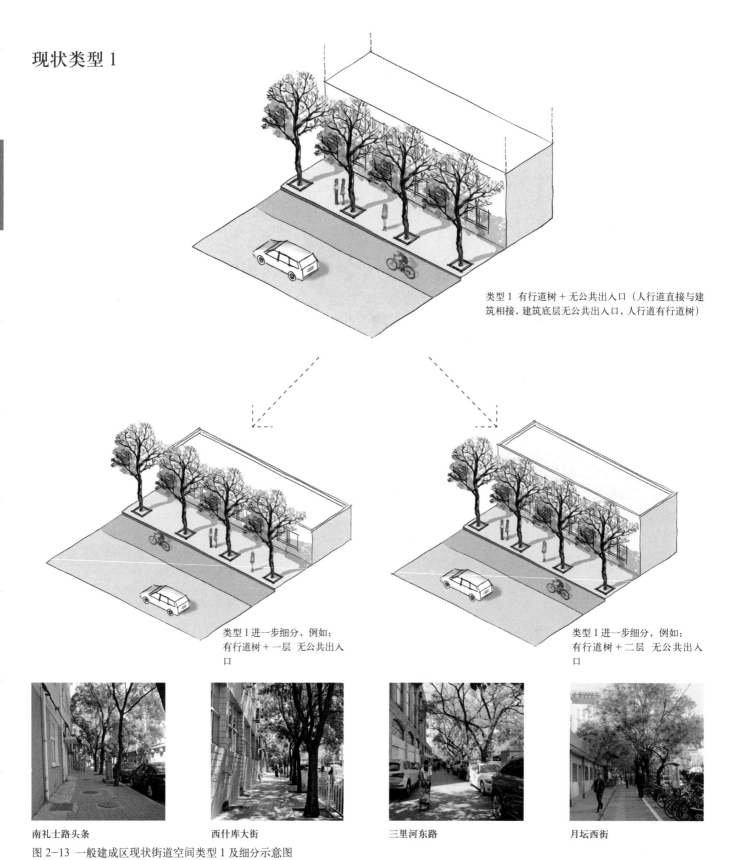

类型 1 有行道树 + 无公共出入口（人行道直接与建筑相接，建筑底层无公共出入口，人行道有行道树）

类型 1 进一步细分，例如：
有行道树 + 一层 无公共出入口

类型 1 进一步细分，例如：
有行道树 + 二层 无公共出入口

南礼士路头条

西什库大街

三里河东路

月坛西街

图 2-13 一般建成区现状街道空间类型 1 及细分示意图

现状类型 2

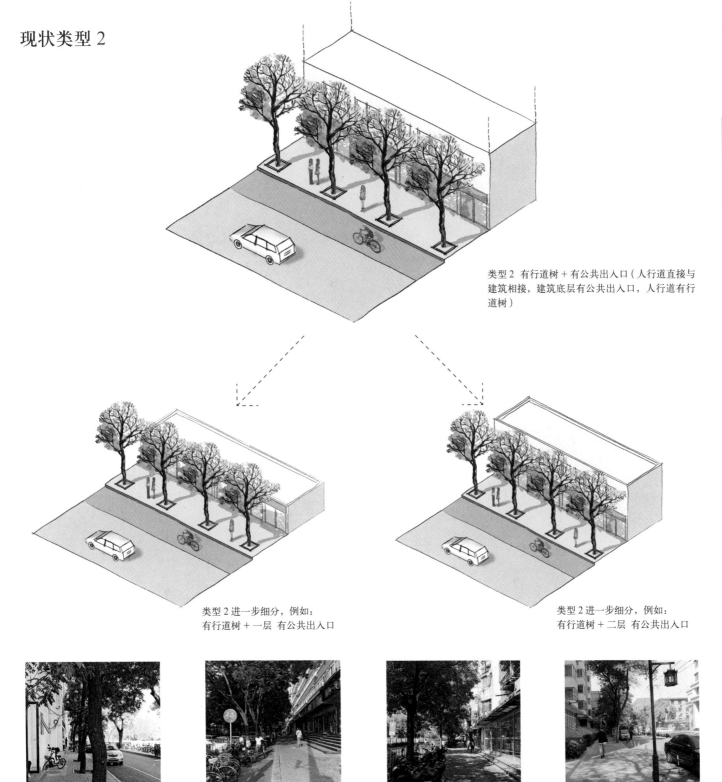

类型 2 有行道树 + 有公共出入口（人行道直接与建筑相接，建筑底层有公共出入口，人行道有行道树）

类型 2 进一步细分，例如：
有行道树 + 一层 有公共出入口

类型 2 进一步细分，例如：
有行道树 + 二层 有公共出入口

爱民街　　　　　　白纸坊东街　　　　　　大红罗场街　　　　　　南礼士路头条

图 2-14 一般建成区现状街道空间类型 2 及细分示意图

现状类型 3

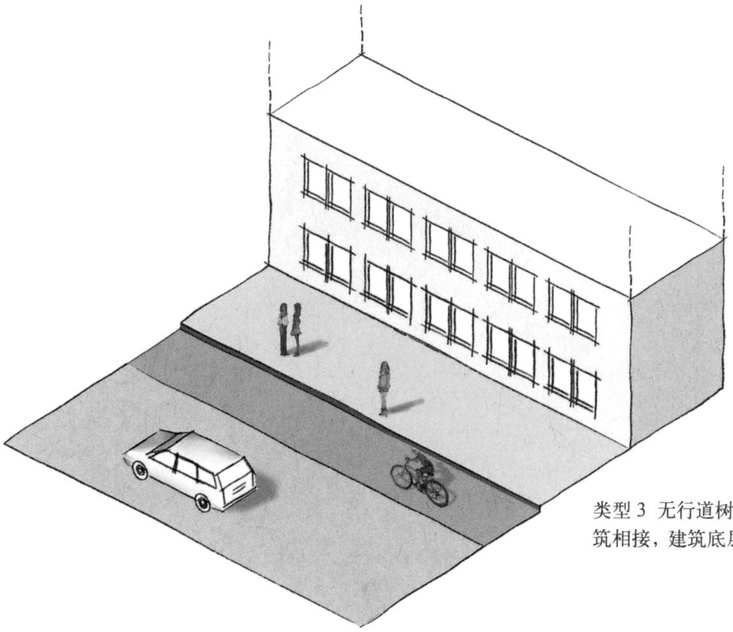

类型 3　无行道树 + 无公共出入口（人行道直接与建筑相接，建筑底层无公共出入口，人行道无行道树）

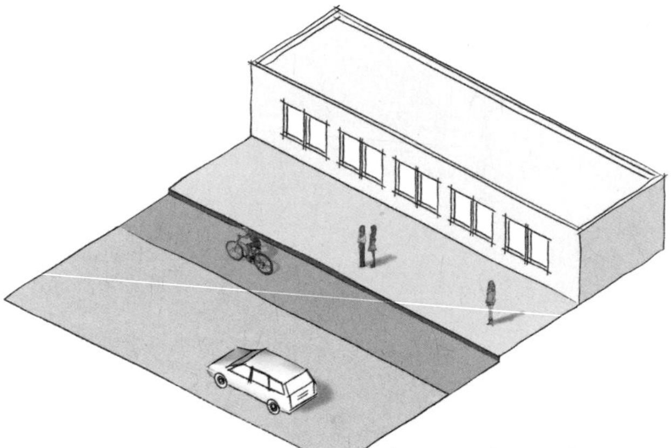

类型 3 进一步细分，例如：
无行道树 + 一层　无公共出入口

类型 3 进一步细分，例如：
无行道树 + 二层　无公共出入口

地藏庵北巷

南菜园街

大红罗厂街

右安门内大街

图 2-15　一般建成区现状街道空间类型 3 及细分示意图

现状类型 4

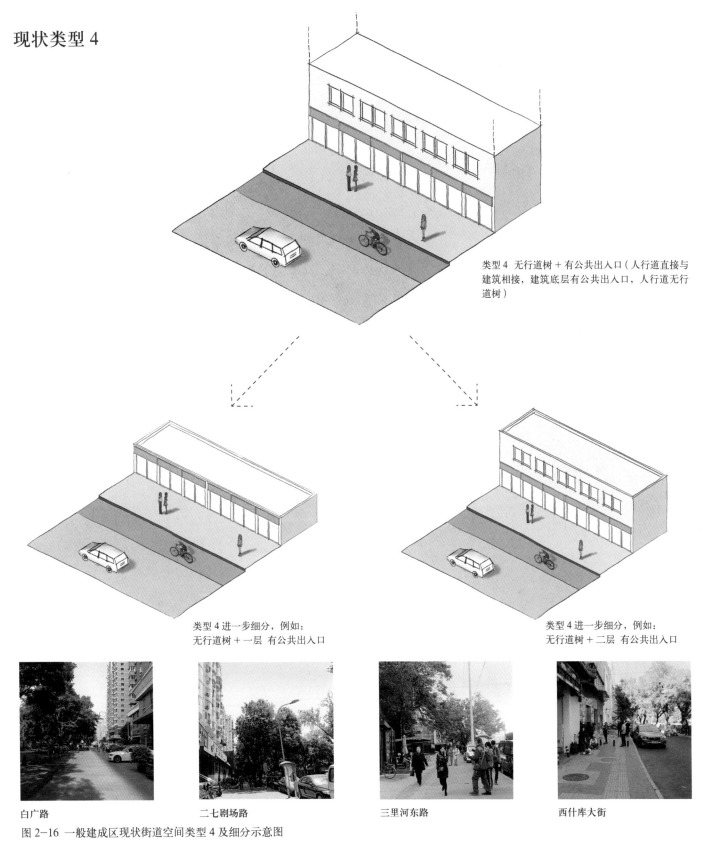

类型4 无行道树＋有公共出入口（人行道直接与建筑相接，建筑底层有公共出入口，人行道无行道树）

类型4进一步细分，例如：
无行道树＋一层 有公共出入口

类型4进一步细分，例如：
无行道树＋二层 有公共出入口

白广路

二七剧场路

三里河东路

西什库大街

图2-16 一般建成区现状街道空间类型4及细分示意图

现状类型 5

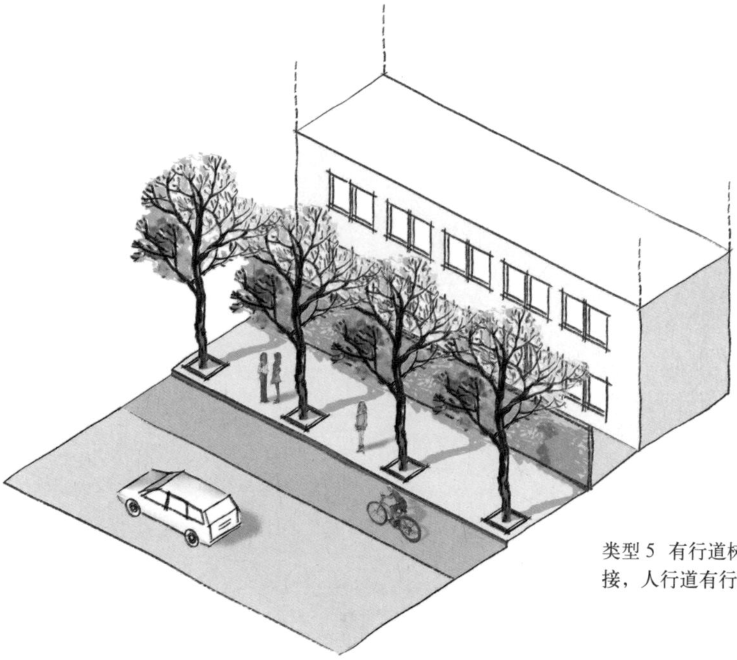

类型 5 有行道树 + 有围墙（人行道直接与围墙相接，人行道有行道树）

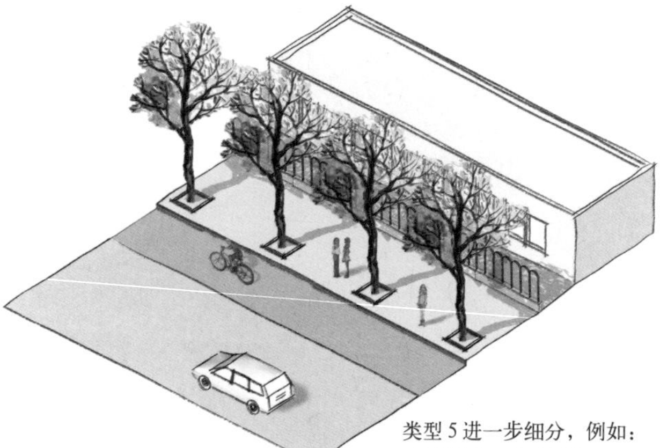

类型 5 进一步细分，例如：
有行道树 + 通透围墙

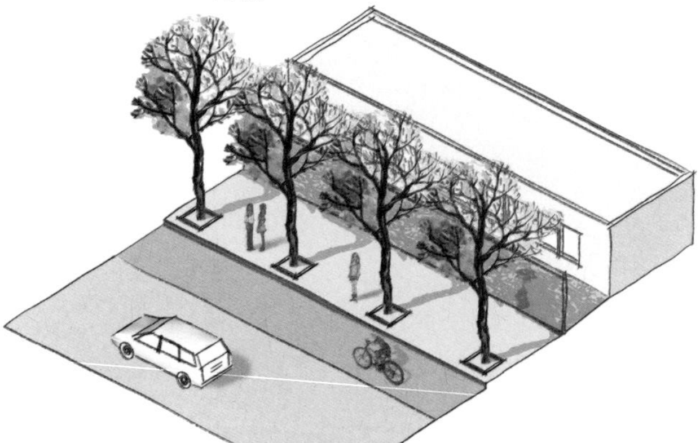

类型 5 进一步细分，例如：
有行道树 + 不通透围墙

真武庙六里

真武庙路二条

月坛北街

月坛南街

图 2-17 一般建成区现状街道空间类型 5 及细分示意图

现状类型 6

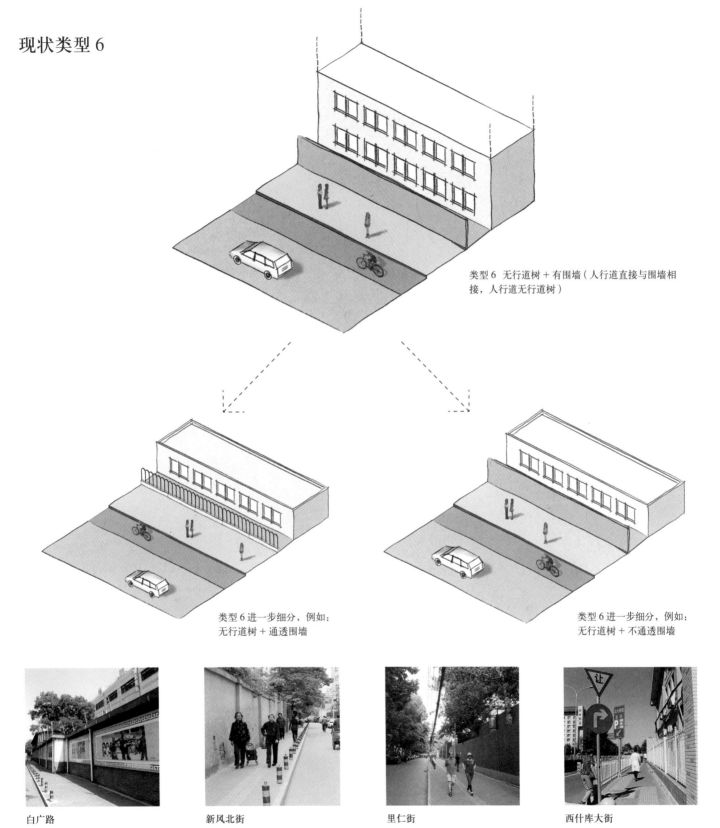

类型 6 无行道树 + 有围墙（人行道直接与围墙相接，人行道无行道树）

类型 6 进一步细分，例如：
无行道树 + 通透围墙

类型 6 进一步细分，例如：
无行道树 + 不通透围墙

白广路

新凤北街

里仁街

西什库大街

图 2-18 一般建成区现状街道空间类型 6 及细分示意图

现状类型 7

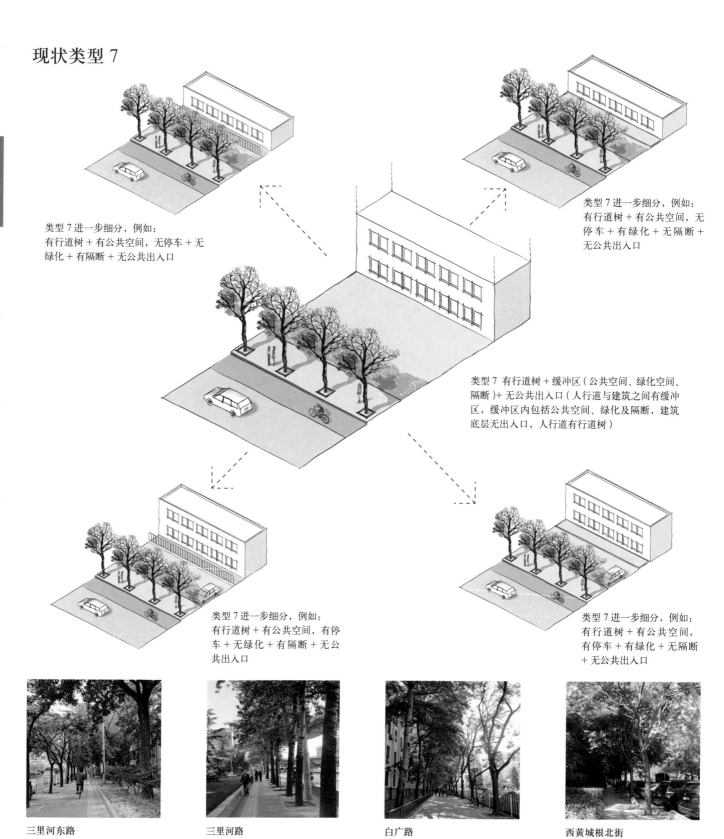

类型 7 进一步细分，例如：
有行道树 + 有公共空间，无停车 + 无绿化 + 有隔断 + 无公共出入口

类型 7 进一步细分，例如：
有行道树 + 有公共空间，无停车 + 有绿化 + 无隔断 + 无公共出入口

类型 7 有行道树 + 缓冲区（公共空间、绿化空间、隔断）+ 无公共出入口（人行道与建筑之间有缓冲区，缓冲区内包括公共空间、绿化及隔断，建筑底层无出入口，人行道有行道树）

类型 7 进一步细分，例如：
有行道树 + 有公共空间，有停车 + 无绿化 + 有隔断 + 无公共出入口

类型 7 进一步细分，例如：
有行道树 + 有公共空间，有停车 + 有绿化 + 无隔断 + 无公共出入口

三里河东路

三里河路

白广路

西黄城根北街

图 2-19 一般建成区现状街道空间类型 7 及细分示意图

现状类型 8

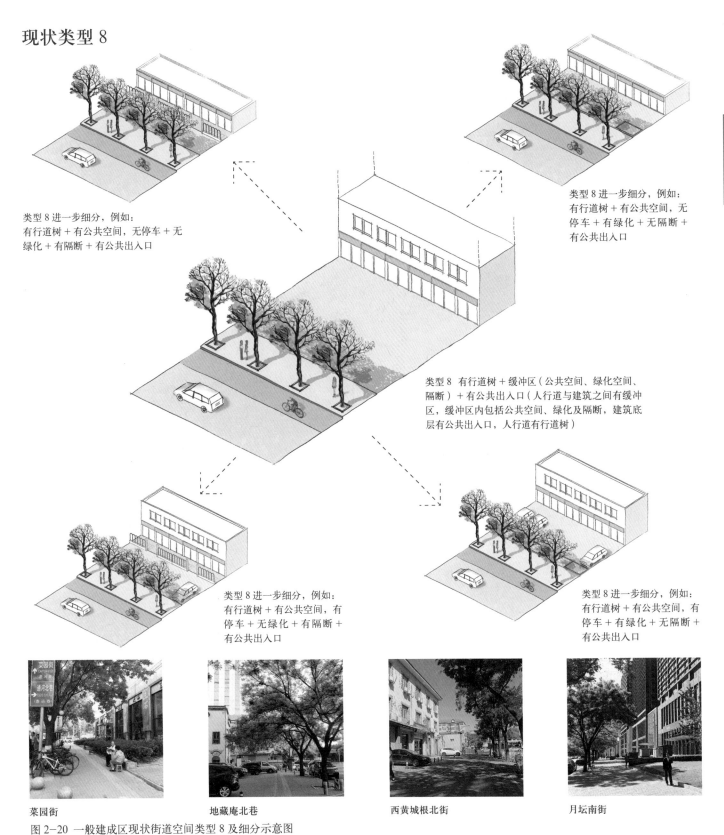

类型 8 进一步细分，例如：
有行道树 + 有公共空间，无停车 + 无绿化 + 有隔断 + 有公共出入口

类型 8 进一步细分，例如：
有行道树 + 有公共空间，无停车 + 有绿化 + 无隔断 + 有公共出入口

类型 8 有行道树 + 缓冲区（公共空间、绿化空间、隔断）+ 有公共出入口（人行道与建筑之间有缓冲区，缓冲区内包括公共空间、绿化及隔断，建筑底层有公共出入口，人行道有行道树）

类型 8 进一步细分，例如：
有行道树 + 有公共空间，有停车 + 无绿化 + 有隔断 + 有公共出入口

类型 8 进一步细分，例如：
有行道树 + 有公共空间，有停车 + 有绿化 + 无隔断 + 有公共出入口

菜园街

地藏庵北巷

西黄城根北街

月坛南街

图 2-20 一般建成区现状街道空间类型 8 及细分示意图

现状类型 9

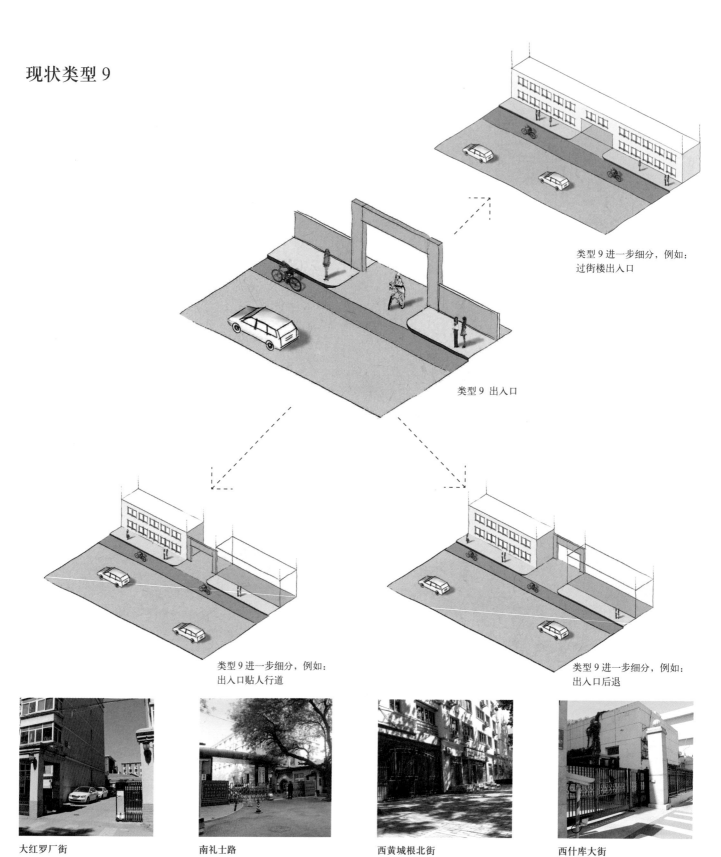

类型 9 进一步细分，例如：
过街楼出入口

类型 9 出入口

类型 9 进一步细分，例如：
出入口贴人行道

类型 9 进一步细分，例如：
出入口后退

大红罗厂街　　　　　南礼士路　　　　　西黄城根北街　　　　　西什库大街

图 2-21　一般建成区现状街道空间类型 9 及细分示意图

传统风貌区胡同现状建筑类型

总结胡同垂直界面的现状建筑类型，归纳胡同建筑屋顶形式、建筑风格等实际情况（除文物、优秀近现代建筑、保护类建筑之外），传统风貌区胡同的建筑类型可初步分为7大类，在7大类型的基础上，按照建筑层数、使用功能、建筑布局可对类型进一步细分。分类如下：

类型甲 传统风格坡顶

类型丁 盝顶

类型乙 传统风格平顶

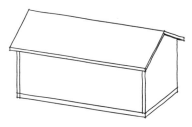

类型戊 现代风格坡顶

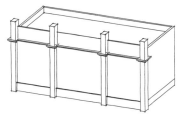

类型丙 近代建筑风格

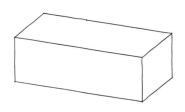

类型己 现代风格平顶

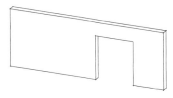

类型庚 墙及出入口

注：传统风格主要是指明、清时期传统民居建筑样式，近代建筑风格主要依据《北京近代建筑史》的研究，该书主要研究范围从1840年到1949年，此近一百年样式演变可归纳为"西洋楼式"、"洋风"、"传统复兴式"和"传统主义新建筑"四种。

图 2-22 传统风貌区胡同现状建筑 7 大类型示意图

现状类型甲 传统风格坡顶

图 2-23 现状类型甲示意图

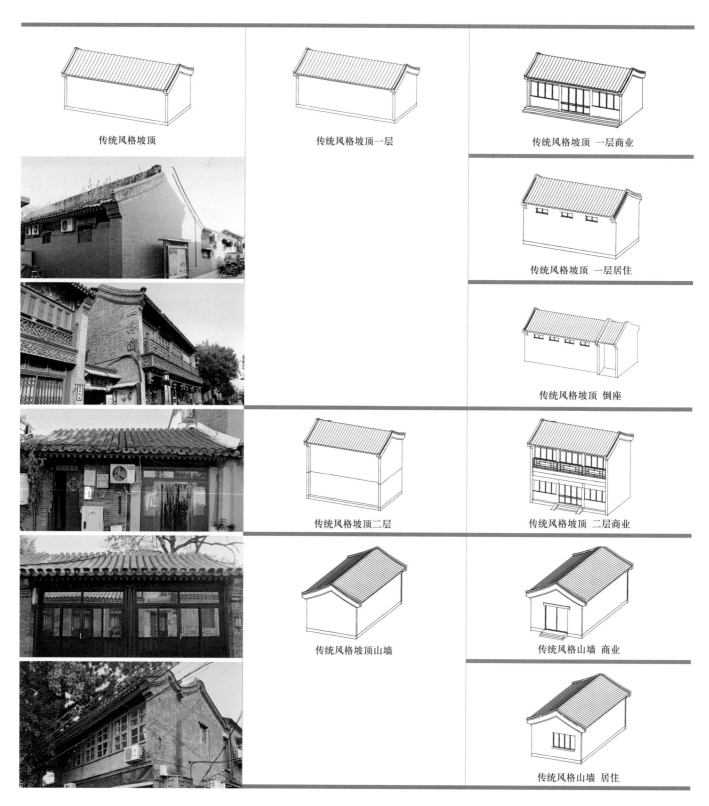

传统风格坡顶

传统风格坡顶一层

传统风格坡顶 一层商业

传统风格坡顶 一层居住

传统风格坡顶 倒座

传统风格坡顶二层

传统风格坡顶 二层商业

传统风格坡顶山墙

传统风格山墙 商业

传统风格山墙 居住

现状类型乙 传统风格平顶

图 2-24 现状类型乙示意图

传统风格平顶

传统风格平顶一层

传统风格平顶 一层商业

传统风格平顶 一层居住

现状类型丙 近代建筑风格

图 2-25 现状类型丙示意图

第二章 现状分类

近代建筑风格

近代建筑风格平顶一层

近代建筑风格平顶 一层商业

近代建筑风格平顶 一层居住

近代建筑风格平顶二层

近代建筑风格平顶 二层商业

近代建筑风格平顶 二层居住

近代建筑风格坡顶二层

近代建筑风格坡顶 二层商业

近代建筑风格坡顶 二层居住

现状类型丁 盝顶

图 2-26 现状类型丁示意图

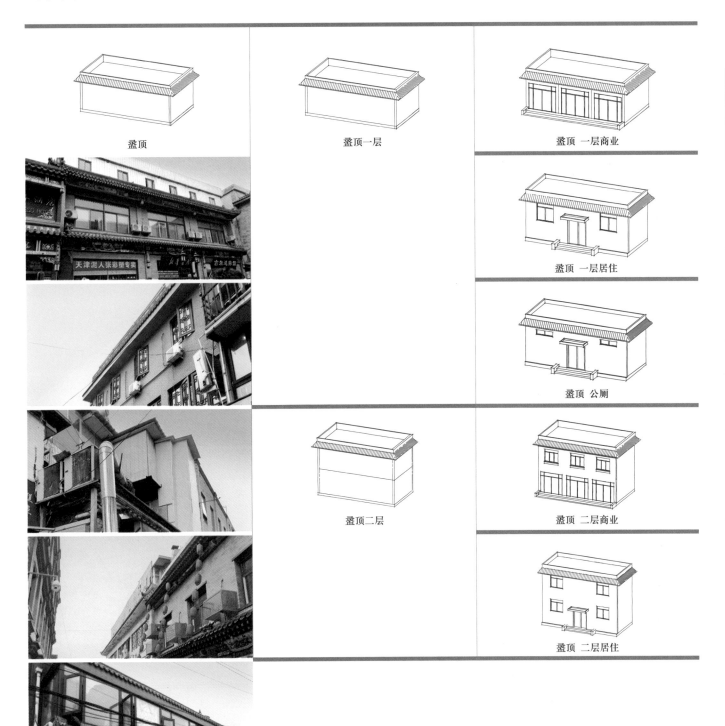

盝顶

盝顶一层

盝顶 一层商业

盝顶 一层居住

盝顶 公厕

盝顶二层

盝顶 二层商业

盝顶 二层居住

现状类型戊 现代风格坡顶

图 2-27 现状类型戊示意图

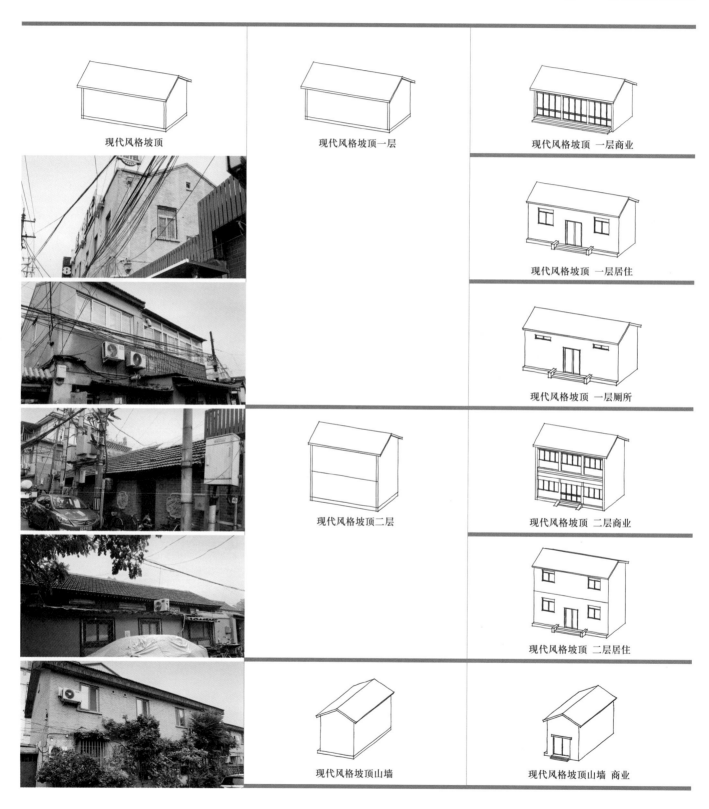

现代风格坡顶

现代风格坡顶 一层

现代风格坡顶 一层商业

现代风格坡顶 一层居住

现代风格坡顶 一层厕所

现代风格坡顶二层

现代风格坡顶 二层商业

现代风格坡顶 二层居住

现代风格坡顶山墙

现代风格坡顶山墙 商业

现状类型己 现代风格平顶

图 2-28 现状类型己示意图

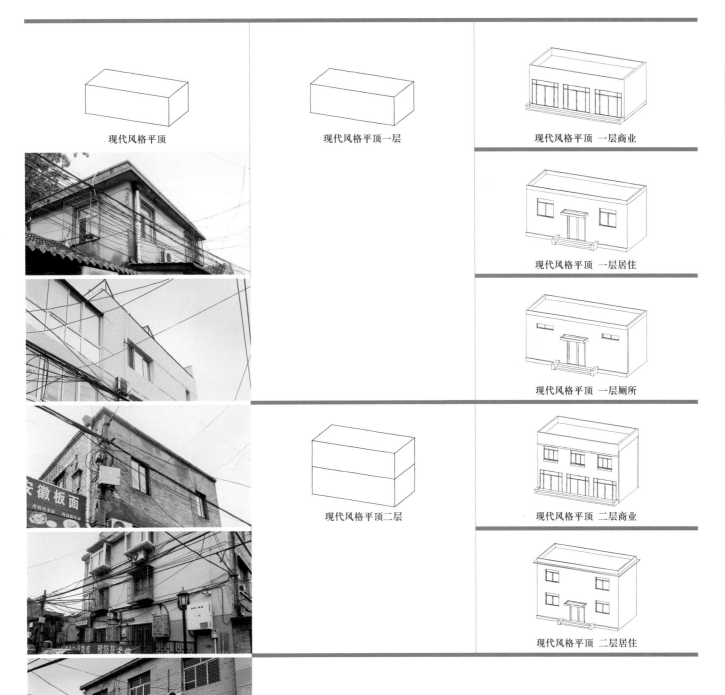

现代风格平顶　　　　　现代风格平顶一层　　　　现代风格平顶 一层商业

现代风格平顶 一层居住

现代风格平顶 一层厕所

现代风格平顶二层　　　　现代风格平顶 二层商业

现代风格平顶 二层居住

第二章　现状分类

现状类型庚 墙及出入口

图 2-29 现状类型庚示意图

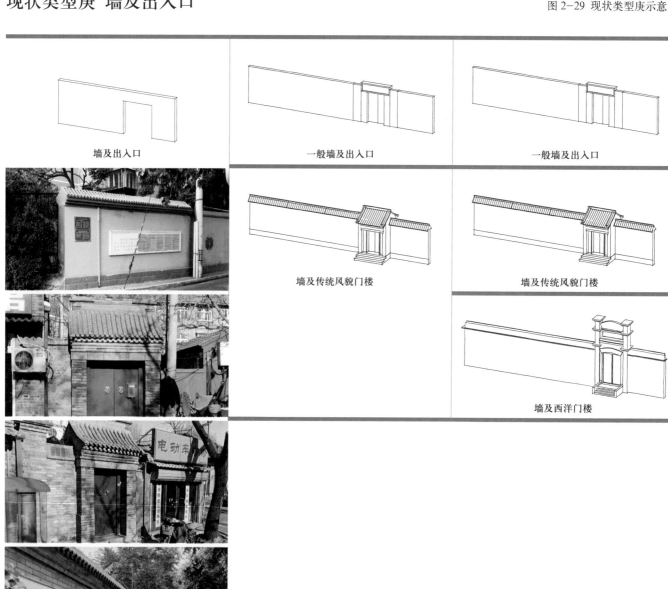

墙及出入口

一般墙及出入口

一般墙及出入口

墙及传统风貌门楼

墙及传统风貌门楼

墙及西洋门楼

特色街道

特色街道是指在发展历程中形成了一定功能、一定特色的街道,具有独特性,需单独设计、重点管控的街道。特色街道不在本次导则指引的范围内。

特色街道包括:长安街、平安大街、两广大街、阜景大街、前三门大街、旧鼓楼大街、地安门外大街、地安门内大街、景山后街、景山东街、景山西街、景山前街、北长街、南长街、府右街、鼓楼西大街、烟袋斜街、护国寺街、什刹海环湖、西单北大街、煤市街、大栅栏街、大栅栏西街、粮食店街、珠宝市街、杨梅竹街、南新华街、琉璃厂东街、琉璃厂西街、三里河路、马连道路。

在征求群众和专家意见的基础上,综合考虑各方因素,特色街道的名单可根据要求不断增加。

护国寺街
鼓楼西大街
阜景大街
平安大街
三里河路
长安街
西单北大街
南新华街
杨梅竹斜街
前三门大街
马连道路
琉璃厂西街
两广大街
琉璃厂东街

什刹海环湖
烟袋斜街
旧鼓楼大街
景山后街
地安门外大街
地安门内大街
文津街
景山东街
景山西街
景山前街
北长街
府右街
南长街
煤市街
珠宝市街
粮食店街
大栅栏街
大栅栏西街

图 2-30 特色街道分布图

西城特色1：北京历史最悠久胡同——砖塔胡同

在西城区还保留着有史可考的最古老的一条胡同——砖塔胡同。元代李好古的杂剧《张生煮海》第一折中家童云："我到哪里寻你？"侍女云："你去那羊市角头砖塔儿胡同总铺门前寻我。"另外明朝张爵所著《京师五城坊巷胡同集》、清朝吴长元所著《宸垣识略》，均把砖塔胡同作为京城古迹加以收录，这些例证足以说明"胡同"的叫法始于元朝，砖塔胡同是北京历史最悠久的胡同，并且自元、明、清、民国至今从未改名。

砖塔胡同位于西四丁字路西，因胡同东口有一座八角七重檐的青灰色"元万松老人塔"而得名。据记载，万松本姓蔡，名行秀，河南洛阳人，15岁出家，后来云游四方，世人敬称为"万松老人"。万松老人圆寂后，人们为纪念他，修建了这座砖塔，塔北侧的胡同，也随之而得名。

万松老人塔高15米多，是北京最矮的古塔。因塔而得名的胡同，也有着自身的发展与变迁。元、明、清三代，这里曾是戏曲活动的中心，元代杂剧在京城非常流行，当时的砖塔胡同及附近的胡同有很多戏班、乐户，终日锣鼓喧天。据说元曲大家关汉卿经常流连在胡同里的酒楼、茶馆，他的《窦娥冤》等18部剧本，以及10多首小令中，充满着浓重的市井气息，不能不说与他在砖塔胡同以及北京城区的生活经历有关。（西城特色1来源《北京人文地理·西城卷》）

西城特色2：北京最窄的胡同——钱市胡同

钱市胡同是中国现存最早、建筑遗存形态最完整的"金融交易所"。钱市胡同是条死胡同，位于西城区大栅栏北面的珠宝市街西侧，是北京最窄的胡同。胡同全长55米，平均宽度0.7米，最窄处仅0.4米，两人对面走过都需要侧身而行，一个人推着一辆自行车就难以通行了。

胡同有十个门牌号。路南五个门牌，都是北京传统的三合院。每个三合院占地80平方米。路北三个门牌，均为二或三层楼，原是"大通银号"、"万丰银号"等早期金融企业的建筑。胡同的尽头是7、9号，硬山起脊的大罩棚，两旁有铺房，是清末官办银、钱交易的"钱市"遗存。据清光绪年间李虹若的《朝市丛载》记载："银钱市，在前门外珠宝市中间路西小胡同"。当时钱市是京城重要的金融市场。

如此重要的"银钱市"，没有设在交通便利的大道通，而是设在京城最窄的小胡同里，在今天是难以想象的。但恰恰就是在仅容一人通过的钱市胡同，却用街巷的狭窄，防卫抢劫、偷盗等的发生，以保证交易安全。用胡同做保安设施，真是别致的创意。

清末明初，随着近代银行业的兴起，钱市退出了历史舞台。但钱市胡同完整地留存下来，成为清末民初银号商业建筑和早期金融市场的历史标本，这也从一个侧面反映出近代以来西城地区商业和金融业的兴隆。

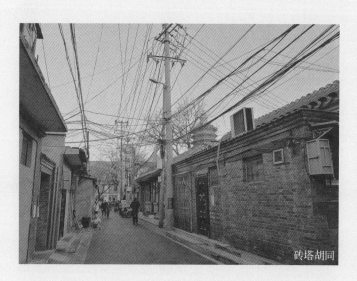

砖塔胡同

钱市胡同

西城特色3：北京历史最悠久的大街——檀州街

据专家研究，从北京城的起源及其变迁来看，唐代幽州城的檀州街，是迄今有据可考的北京历史最悠久的街道。其位置大致在西城区长椿街北端东侧，宣武门西大街之南，三庙街、上斜街一带。延伸开去，包括今天的广安门内大街和广安门外大街。

北京是华北大平原和内蒙古高原、东北大平原三大地理单元的交接之地，也是中原农耕文化与游牧文化、渔猎文化的交接地，文化交流历来十分频繁。从文化遗址看，这一地区的文化交流自新石器时代就已经开始。而上述的这种交流，又都是沿着太行山东麓地势相对较高的路线进行的。或者说人们从东北、西北而来，多是在北京小平原会合并渡过以卢沟古渡口为代表的关隘之后，沿太行山东麓的古道行进的。

起源于中原的殷商，也正是沿着这条古道向北拓展的。周武王在伐纣灭商之后，先后分封了蓟和燕，均在这条古道之上。以后的秦、汉、隋、唐、宋、辽、金、元、明、清各代，大凡中原与北方各地区的贸易或使节往来，亦多循此路。金灭辽后，在卢沟渡口修筑卢沟石桥，乃至清代用重金维修这条大街，也正是认识到"京城迤西接轫联镳，率由缘边腹地会涿郡渡卢沟而来"。"天下十八省所隶以朝觐、谒选、计偕、工贸来者，莫不遵路于兹"。作为北京历史上最悠久的街道，这条大街由是成为一条京城连接各地的交通要道。

西城特色4：北京最早现代街区——香厂新市区

位于今天西城天桥地区香厂路一带的"新市区"，是北京地区最早依据现代城市规划理念设计和建设的城区。1900年以来，清政府为了推行"新政"，开始改良市政，兴建新式建筑，给古老的帝都带来了许多新变化。后来，由北洋政府的京都市政公所1914年下令建设的香厂路新市区，就是按照为整治旧城区树立模范和建设先进的包容购物、游乐、餐饮、居住于一地的标准商业娱乐区的主导原则，由中国人自己创办、自主经营，并形成一定规模的新区。

新市区东至留学路（原名牛血胡同），西至虎坊路，北至虎坊桥大街，南抵先农坛北墙，东西约800米，南北约370米，占地约3公顷。以万明路和香厂路为干道，相交处设中心广场，纵横开辟（或改造）十四条道路；两条干道设人行道。经过四年的建设，新市区初见规模。先后建起了新世界游乐场，东方饭店，仁民医院，修建了万明路、香厂路、板章路二层商住楼以及大森里、平康里、泰安里等处的各种住宅、商店。新市区的建设，轰动一时，引起社会各界的广泛关注。据1918年统计，当时在新市区开业的商店即达49家。

后来，由于北洋政府人事更迭频繁、一些项目无法长期维持以及周边其他类型商业设施的兴起，加上1928年国民政府迁都南京，新市区逐渐萧条，最后退出了历史舞台。（西城特色2、3、4来源《西城之最》）

广安门外大街（原檀州街）

香厂路新世界游乐场

图 2-31 粮食店街

图 2-32 珠宝市街

图 2-33 南新华街

图 2-34 护国寺街

图 2-35 马连道路

图 2-36 长安街

图 2-37 大栅栏街

图 2-38 琉璃厂西街

图 2-39 杨梅竹斜街

图 2-40 西单北大街

图 2-41 烟袋斜街

图 2-42 前三门大街

金融街（梁健 摄）

第二部分
导引与管控
Part 2
Guidance and Management

第三章　导引依据 Chapter 3 Navigation Basis

1．规划依据 Planning Reference

北京城市总体规划（2016 年—2035 年）
Beijing Master Plan (2016－2035)

- 战略定位：核心区是全国政治中心、文化中心和国际交往中心的核心承载区，是历史文化名城保护的重点地区，是展示国家首都形象的重要窗口地区。

- 发展目标：充分体现城市战略定位，全力做好"四个服务"，维护安全稳定，保障中央党政军领导机关高效开展工作。保护古都风貌，传承历史文脉。有序疏解非首都功能，加强环境整治，优化提升首都功能。改善人居环境，补充完善城市基本服务功能，加强精细化管理，创建国际一流的和谐宜居之都的首善之区。

- 规划任务：建设政务环境优良、文化魅力彰显和人居环境一流的首都功能核心区。保障安全、优良的政务环境，优化空间布局、推进功能重组，有序疏解非首都功能，加强精细化管理、创建一流人居环境。

- 加强历史保护：精心保护好北京历史文化遗产这张金名片，凸显北京历史文化的整体价值。传承城市历史文脉，深入挖掘保护内涵，构建全覆盖、更完善的保护体系。构建绿水青山、两轴十片多点的城市景观格局，加强对城市空间立体性、平面协调性、风貌整体性、文脉延续性等方面的规划和管控，为市民提供丰富宜人、充满活力的城市公共空间。大力推进全国文化中心建设，提升文化软实力和国际影响力。更加精心地保护好世界遗产，积极推进中轴线、天坛遗产扩展项目（明清皇家坛庙建筑群）申遗工作。加强老城整体保护，坚持整体保护十重点，加强文物保护与腾退，完善保护实施机制。突出两轴政治、文化功能，加强老城整体保护，打造沿二环路的文化景观环线，重塑首都独有的壮美空间秩序，再现世界古都城市规划建设的杰作。积极发掘、整理、恢复和保护各类非物质文化遗产，保护和传承传统地名、戏曲、音乐、书画、服饰、技艺、医药、饮食、庙会等。加强老字号原址、原貌保护。开展口述史、民俗、文化典籍的整理、出版、阐释工作。

- 加强城市设计：尊重和保护山水格局，加强城市建设与自然景观有机融合，突出山水城市景观特征，让居民望得见山、看得见水、记得住乡愁。构建看城市、看山水、看历史、看风景的城市景观眺望系统。保护老城平缓有序的城市天际线，严格控制老城建筑高度与体量，维护故宫、钟鼓楼、永定门城楼等重要建筑（群）周边传统空间轮廓的完整。二环路以内为古都风貌区，实行最为严格的建筑风貌管控，严格控制区域内建筑高度、体量、色彩与第五立面等各项要素，逐步拆除或改造与古都风貌不协调的建筑，对老城风貌格局整体保护。打造首都建设的精品力作，优化城市公共空间，提升城市魅力与活力。

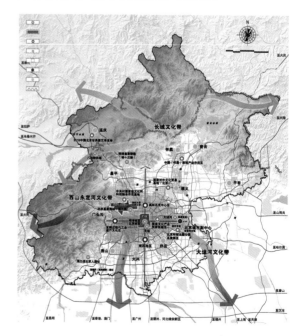

图 3-1 文化中心空间布局保障示意图

图 3-2 核心区空间结构规划图

图 3-3 老城传统空间格局保护示意图

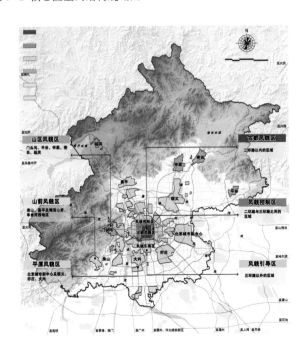

图 3-4 市域风貌分区示意图

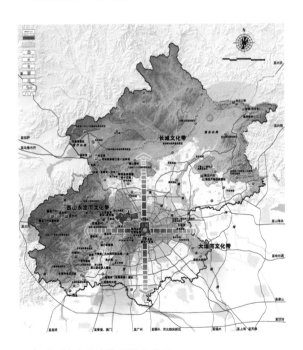

图 3-5 市域历史文化名城保护结构图

北京历史文化名城保护规划（2002 年）
Conservation Plan for the Historic City of Beijing (2002)

- 基本思路：三个层次和一个重点，三个层次是：文物的保护、历史文化保护区的保护、历史文化名城的保护，一个重点是旧城区。

- 保护要素：必须从整体上考虑北京旧城的保护，具体体现在历史河湖水系、传统中轴线、皇城、旧城"凸"字形城郭、道路及街巷胡同、建筑高度、城市景观线、街道对景、建筑色彩、古树名木十个层面的内容。其中包括：重点保护与北京城市历史沿革密切相关的河湖水系，部分恢复具有重要历史价值的河湖水面。保护北京旧城的传统中轴线、北中轴线和南中轴线。建立皇城明确的区域意向，降低保护区中的人口密度。保护旧城"凸"字形城郭，规划沿河绿带，保护现有正阳门城楼与箭楼、德胜门箭楼、东便门角楼与城墙遗址、西便门城墙遗址，复建永定门城楼。旧城内交通出行采用公交为主的方式，实施严格的停车管理措施，控制旧城区建筑规模和开发强度。旧城路网同等级道路在旧城内外采用不同的路幅宽度。按文物保护单位和历史文化保护区、文物保护单位的建设控制地带及历史文化保护区的建设控制区、文物保护单位的建设控制地带和历史文化保护区的建设控制区之外的区域三个层次进行旧城建筑高度的控制。

- 城市景观线的保护：7 条城市景观线必须加以严格保护，包括银锭观山、（钟）鼓楼至德胜门、（钟）鼓楼至北海白塔、景山至（钟）鼓楼、景山至北海（白塔）、景山经故宫和前门至永定门、正阳门城楼、箭楼至天坛祈年殿。

- 城市街道对景的保护：如北海大桥东望故宫西北角楼，陟山门街东望景山万春亭、西望北海白塔，地安门大街北望鼓楼等。

- 建筑形态与色彩的继承与发扬：新建建筑的形态与色彩应与旧城整体风貌相协调。对旧城内新建的低层、多层住宅，必须采用坡屋顶形式；已建的平屋顶住宅，必须逐步改为坡顶。旧城内具有坡屋顶的建筑，其屋顶色彩应采用传统的青灰色调，禁止滥用琉璃瓦屋顶。

- 保护传统地名，保护和发扬传统商业、文化。

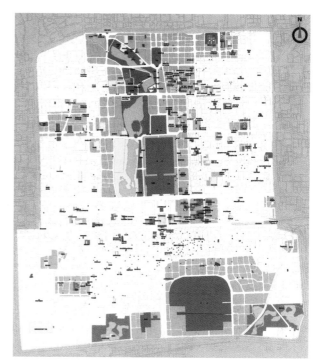

图 3-6　北京旧城文物保护单位保护范围及建设控制地带图

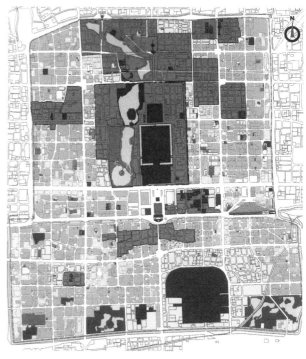

图 3-7　北京旧城建筑高度控制规划图

中心城控制性详细规划（2006 年）
Regulatory Plan of Beijing Central City District (2006)

- 规划原则：遵循北京城市总体规划关于中心城优化调整的五项原则：整体和集约发展，中心城调整优化和新城发展联动，旧城功能调整优化和古都风貌保护统筹，整体用地比例协调和空间疏密有致，完善交通市政基础设施体系和绿化系统；总量控制，对中心城总体规模进行分区管理；系统优先，以城市基础设施供应能力为条件，确定合理的建设强度；落实城市公共设施，保障城市综合环境质量和城市安全；综合及高效利用土地，体现节约、节能的理念；逐步建立新时期城市规划管理机制。

- 旧城规划策略：整合历史文化资源，结合实际情况制定保护与利用规划；保护旧城传统空间形态与格局，突出旧城的人文精神与城市活力；降低人口规模，优化人口结构；明确产业方向，引导用地功能布局；控制建设强度，充分利用地下空间，提高环境品质；调整交通结构，发展公共交通，限制机动车，鼓励自行车与步行；尊重传统空间尺度，改善市政基础设施，满足现代生活需求；结合旧城特点确定公共服务设施的规模，完善结构与布局；明确近期的工作与措施；明确政策导向，制定规划措施，保障规划落实。

- 旧城空间形态整体保护规划目标与原则：旧城整体保护一方面应保持旧城传统空间形态与格局，延续平缓开阔、轴线突出、东西对称、标志点缀、水系穿插的特色。另一方面还应突出旧城的人文精神与城市活力，创造舒适宜人、便于交往的环境，营造易于体验、认知城市特色的空间场所。规划坚持两个原则：整体保护原则，对旧城的建筑实体、空间尺度与环境予以保护，延续平缓开阔、轴线突出、东西对称、标志点缀、水系穿插的传统形态特征；城市规划设计精细化原则，通过对旧城各局部地段空间尺度、建构筑物形式、植物绿化等细节性的深入研究，以局部支撑整体的方式加强建筑高度的控制和城市环境品质的改善、提高。

- 旧城空间形态规划控制：保护传统的街巷肌理；保护和发展城市轴线；保护明清北京城"凸"字形城郭和宫城、皇城、内城、外城四重城郭；保护与北京城市

历史沿革密切相关的河湖水系；保护旧城平缓开阔的传统空间尺度；保护城市景观视廊和街道对景。

- 旧城空间形态规划引导：加强公共活动空间规划，为公共提供丰富的活动场所；建立"以人为本"的街道环境，加强特色街道规划；发掘旧城精髓，加强特色街区规划；尊重传统建筑的尺度、形式、色彩，加强新建建筑与传统建筑的协调关系。

图 3-8 2006 年版西城区控制性详细规划图

历史文化街区保护规划 Conservation Plan of Historic Areas in Beijing

- 基本状况：在北京市 33 片旧城历史文化街区中，西城共有 18 片：什刹海地区、地安门内地区、景山后街、景山西街、景山前街、陟山门街、文津街、皇城、北长街、西华门大街、南长街、大栅栏、东琉璃厂、西琉璃厂、法源寺、南闸市口、阜成门内大街、西四北头条至八条；此外，还有 6 片风貌协调区。

- 既有规划：《北京旧城 25 片保护区保护规划》、《北京皇城保护规划》、《法源寺历史文化保护区保护规划研究》。

- 建筑保护：保护规划在现状建筑风貌和历史价值、建筑质量等评估的基础上，对每栋建筑的保护与更新方式进行了规划，分为文物类、保护类、改善类、保留类、更新类、整饬类 6 类。《北京旧城历史文化保护区房屋保护和修缮工作的若干规定（试行）》(2003 年)，对 6 类的保护和整治方式进行了明确规定。

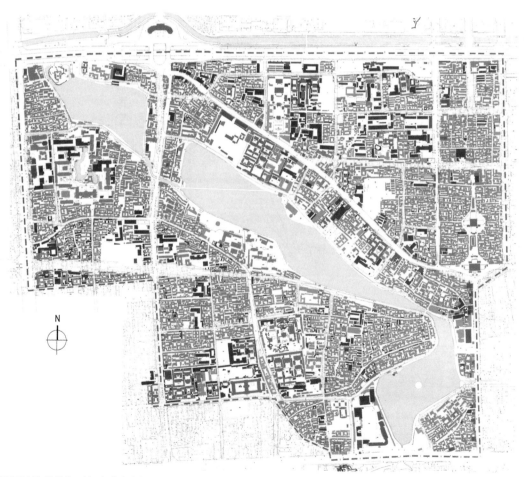

图 3-9 什刹海地区建筑保护与更新方式规划图

2. 建设安排 Construction Arrangement

道路建设 Road Construction

　　根据《北京市西城区"十三五"时期城市道路发展规划》，"十三五"期间，对西城区内道路进行适当的调整优化，建成系统完善、级配合理、层次清晰、功能明确的道路网络系统，推进骨干路系统和次干路、支路微循环系统建设。重点改造主要拥堵节点，打通一批断头路，改善瓶颈路。对历史文化街区的道路进行规划调整，保持胡同原有尺度，结合风貌保护、腾退修缮和环境整治工作，进行市政基础设施建设，并实施架空线入地工程。

绿地建设 Green Space Construction

　　根据《北京市西城区绿地系统规划》，着力构建"碧水绕古都、绿荫满西城"的规划愿景，主要目标包括：一是推进规划绿地建设，构建绿地休闲体系；二是构建全区十分钟、半小时、一小时不同层级的便捷公园休闲圈；三是依法监督居住区绿化建设；四是推进立体绿化建设，在有限的城市土地资源上拓展生存空间。到2020年，城市绿化覆盖率达到31.5%，公园绿地500米服务半径覆盖率达到98%。

图 3-10 西城区"十三五"期间道路规划建设示意图

图 3-11 西城区公园绿地规划示意图

3. 管理要求 Management Requirements

第三章　导引依据

新增产业禁限管理
Management for Restrictions and Limitations to New Industries

　　在北京市疏解非首都功能的背景下，北京市出台相关政策对新增的产业类别进行引导和管理，西城区依据自身情况进一步完善管理要求。根据《北京市西城区新增产业的禁止和限制目录（2015年版）》，对15个门类的新增固定资产投资项目，新设立或新迁入法人单位、产业活动单位、个体工商户的类型和内容进行管控。管理措施分为禁止性和限制性两类，其中，禁止性是指不允许新增固定资产投资项目，不允许新设立或新迁入法人单位、产业活动单位等；限制性主要包括区域限制、规模限制和产业环节、工艺及产品限制。管理措施分为全区、重点街区、重点街道三个层面，在执行全区范围内目录的基础上对重点街区、重点街道进行差异化管理。

　　例如禁止新建与居住、医疗卫生、文化教育、科研、行政办公等为主要功能的场所边界水平距离小于9米的餐饮业项目；限制新建经营场所使用面积低于60平方米的餐饮企业（北京市统一配建的规范化的便民商业设施除外）等。

腾退空间利用管理
Management for the Utilization of Vacated Spaces

　　根据《北京市西城区疏解腾退空间资源再利用指导意见》，腾退空间要高起点、高标准二次利用，严格执行新增产业禁止和限制目录，做好同区域市政基础设施、公共服务设施、城市景观环境的衔接，传承古都风韵，提升城市品质，改善人居环境。全区范围内统筹使用土地、规划等指标，根据疏解腾退空间区位布局、规模类型、规划用途等不同情况，采取差异化的管控强度和措施，适应物业复杂情况及不同发展特点、不同历史文化积淀区域的管控和利用。腾退空间主要用于补足城市服务功能短板、留白增绿、增加便民服务、培育"高精尖"产业四个方面。根据区域需求和现有资源配置情况，因地制宜确定具体使用方向，实现腾退空间资源优化配置。坚持运用法治思维和法治方式，着力健全规划、产权、监管等各方面制度，推动各类腾退空间资源依法依规、公开透明配置。积极探索有利于疏解及疏解腾退空间高效利用的管理创新机制，充分调动原有产权方的积极性，提高资源集中利用效率。

图3-12　中国人民银行

图3-13　新华1949文化创意产业聚集区

城市环境分类管理
Management for the Classification of Urban Environments

根据《北京市西城区城市环境分类分级管理标准体系》，全区分为政务活动、金融商务、繁华商业、传统风貌、交通枢纽、公共休闲、生活居住7类地区。不同的功能区在环境卫生、市容市貌、园林绿化等7个方面采取不同的管理规范标准，形成了全区统一协调，建设、管理、检查、监督、执法、考核、评价一体化的标准体系与标准化管理工作流程。

城市环境分类分级管理标准体系共有标准251项，其中收录国家标准38项、行业标准35项、北京市地方标准86项，西城区自制标准6项，涵盖城市环境分类分级管理的基础、管理工作目标、实现目标的手段和监督考评全过程。

公共空间依法管理
Management for Public Spaces

为进一步提高城市治理体系和治理能力现代化水平，实现城市的精治、共治、法治，西城区根据有关法律法规规章和市区相关文件，2017年制定了《北京市西城区街区公共空间管理办法》，适用于全区公共空间的规划、建设、使用和管理。

图 3-14 城市环境分类分级管理标准体系功能区划分示意图

功能区	管理要求						
	市政道路	交通秩序	市容市貌	环境卫生	园林绿化	施工管理	环境保护
政务活动区	一级	一级	一级	一级	特级	一级	一级
金融商务区	一级	一级	一级	一级	特级	一级	一级
繁华商业区	一级	二级	一级	二级	特级	一级	一级
传统风貌区	一级、二级	一级	一级、二级	二级	特级、一级	一级	一级
交通枢纽区	一级	二级	二级	二级	特级、一级	一级	一级
公共休闲区	一级	二级	二级	二级	特级、一级	一级	一级
生活居住区	二级	二级	二级	二级	特级、一级	一级	一级

北京市西城区城市环境分类分级管理等级表　　表 3-1

第四章　设计总则　Chapter 4 General Rules of Design

1. 宜人　Amenity

步行优先　Give Priority to Pedestrians

- 优先保障步行交通，设置无障碍设施，保障人行道与
  人行天桥、过街地道、轨道交通站点等设施衔接通畅，
  提供行人在街道公共空间的安全性与舒适性。
- 在人行道的设施带内种植行道树，安排自行车停车、
  市政设施等，同时做好安全保障，将各类设施集约布
  局在设施带内，胡同内设施应尽量结合建筑布置，可
  沿墙设置或放置在建筑内。
- 沿街建筑底层为商业、公共服务等公共功能时，鼓励
  在人行道与建筑之间的缓冲区建设开放的绿化活动
  空间。

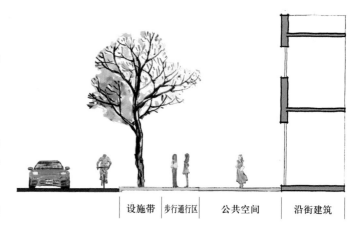

图 4-3 剖面：步行通行区 + 设施带 + 公共空间

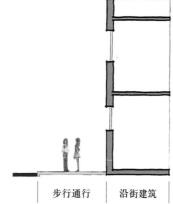

图 4-1 剖面：仅有步行通行区

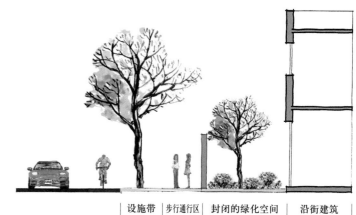

图 4-4 剖面：封闭的绿化空间

图 4-2 剖面：步行通行区 + 设施带

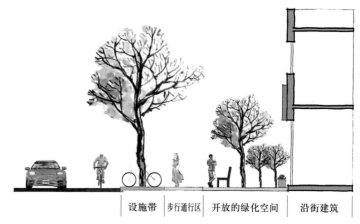

图 4-5 剖面：开放的绿化活动空间

图 4-6　南新华街过街桥

图 4-7　西单北大街商场前休憩设施

图 4-8　西直门立交桥人行坡道

图 4-9　阜成门内大街设施带及自行车道

图 4-10　西单北大街盲道

图 4-11　鼓楼西大街行道树

骑行顺畅 Uncongested Ride

- 积极完善非机动车交通，保障自行车行驶的路权，建立连续通畅的自行车骑行网络。
- 鼓励设置非机动车道，根据道路空间条件及非机动车使用需求，合理确定非机动车道形式与宽度。
- 采用分车带、硬质隔离、地面划线等方式对非机动车道进行隔离，可通过颜色标识对非机动车道进行明显的提示。
- 加强共享单车的相关管理，集中划定停车范围，有效控制停车容量，积极探索设置电子围栏，引导共享单车的有效停放。

图4-12 共享单车整齐停放

图4-13 阜成门外大街自行车道铺红塑胶

图4-14 阜成门内大街自行车道抬高与机动车隔离

图4-15 莲花河西侧路隔离机动车道与非机动车道

车行有序 Orderly Driving

- 通过交通设施的合理设置保障机动车交通有序安全。
- 保障道路交口的视觉通畅，设施、建筑、绿化等不得遮挡行车安全视线。

- 对机动车和非机动车交通空间进行标高、铺装上的区分，以确保机动车和非机动车各行其道，促进交通有序运行。

第四章 设计总则

案例4-1：地安门外大街道路整治

地安门外大街位于北京中轴线的地安门至钟鼓楼之间，道路整治体现了道路管理观念上的转变。整治后机动车道宽度减少，由原有的3条机动车道改成2条机动车道，改善了该区域机动车、非机动车混行现象，保障了行车安全；同时对人行道进行加宽，为行人留出了舒适的步行空间，并沿街绿化补植，增加夜景照明及景观广场、交通标示等，极大地改善了不同通行空间的流畅性和地外大街景观风貌。

休憩舒适 Comfortable Rest

● 沿路种植行道树，在道路宽度允许的条件下，改路侧停车区为非机动车道并补种行道树。

● 在人行道与建筑之间的缓冲区内应提供休憩空间。

● 为休憩空间提供必要的设施，如座椅、健身器材、信息栏、艺术小品、果皮箱等。

图 4-16 顺城公园绿地

图 4-17 西长安街绿地

亲水近人 Pleasant Waterfront

● 保护河湖水系，改善水体环境，营造生态滨水环境。

● 注重滨水空间的构筑物、植物、设施的近人尺度营造，塑造亲水的宜人环境。

● 为滨水空间提供公共设施，完善滨水空间的游憩休闲功能。

图 4-18 北二环护城河

图 4-19 顺城公园座椅

2. 绿色 Ecology

生态绿植 Ecological Green Plants

- 合理布局街道绿化，通过多种方式增加街道绿量，发挥绿化遮荫、滤尘、减噪等作用。
- 鼓励有条件的街道连续种植高大乔木，形成林荫道。沿胡同一定间隔种植乔木，有条件的胡同设置垂直绿化。
- 道路两侧的公共绿地、小微公园与街道园林景观应整体设计，协调统一。
- 绿化种植宜选择本地植栽，保持生物多样性。
- 绿化种植精心搭配花木及色叶植物，增加景观层次性、色彩多样性和街道识别性。

图4-20 白塔寺东夹道

图4-21 杨梅竹斜街

图4-22 官园中国儿童活动中心外墙

图4-23 佟麟阁路

案例 4-2：广宁公园

广宁公园位于国家级重点文物保护单位报国寺西南，南临广内大街，原为建设用地，为提升报国寺周边整体环境，并结合城市地铁的建设，改为非建设用地，建设"城市客厅"，以中国古典园林风格为特色，通过文化展示空间、历史名人空间和寺庙氛围空间三大文化空间的展示，在体现深厚历史文化底蕴的同时，为市民提供充裕的休闲场地。

案例 4-3：百花园

百花园公园位于中国历史文化街区大栅栏中部，前身为天陶菜市场，占地面积约 1850 平方米。2016 年 5 月结合疏解非首都功能和环境综合整治，撤市建绿，改善了生态宜居环境，又彻底解决了大栅栏地区绿地 500 米服务半径的覆盖盲区问题，成为历史文化街区内周边邻里交流活动的绿色生态花园。

案例 4-4：新街口城市森林

新街口城市森林公园位于新街口北大街西侧、西直门内大街北侧，原址为桃园小区二期危改区域内的临时空地，占地面积约 10500 平方米。街道办事处协商产权单位，利用拆迁进程中的临时空地，采用"以用代管"方法让临时空置土地"活起来"，用空置的土地建成可供居民使用的足球场、篮球场、城市森林公园等，为市民提供一个亲近森林、感受自然野趣、休闲放松的场所，解决了新街口街道健身场地缺乏、绿地公园紧缺等问题。

案例 4-5：广阳谷城市森林

广阳谷城市森林公园位于宣武门外大街与广安门内大街交叉口西北角，菜市口地铁站西北角，占地面积约 33000 平方米。原址为拆迁的闲置地，通过"留白增绿"改造成了为市民提供休闲的绿色空间。公园内共种植了 79 种树、32 种草，多为北京乡土树种，还有一株从前三门地区因占地而移植过来的百年银杏，整体注重营造近自然的森林生态系统，实现在小范围内的植物自我更新演替。同时公园也推广"变废为宝"，在公园内，废弃的雨刷器、螺丝钉，在艺术家的设计下，组成骏马、老鹰等雕塑，倡导绿色、健康的生活。

海绵街道 Sponge Street

- 人行道采用透水铺装，非机动车道和机动车道采用透水沥青路面；机动车不通行的胡同采用透水砖等透水铺装。
- 空间较为充裕的街道设置雨洪管理设施，设置下凹式绿地及蓄水设施，进行雨水收集。

环保节能 Energy Saving

- 街道建设应采用绿色环保的施工工艺和技术，发展低噪声的施工技术，并加强信息技术的应用。
- 街道建设应采用耐久、可回收、无公害的环保材料。
- 因施工等设置的临时围栏，颜色应与周边环境相协调，形式应整齐、美观，鼓励采用垂直绿化。

图 4-24 剖面：左：上凸式绿地无法滞留雨水；右：下凹式绿地雨水可直接渗透至地下或滞留于雨水花园

图 4-25 透水铺砖

图 4-26 太阳能灯杆

3. 智慧 Intelligence

设施整合 Facilities Integration

- 集约设置沿街市政设施和街道家具，尽可能"合杆并杆"，控制设施占地面积，有序设置，使街面整洁。
- 鼓励架空线入地，及时清除废弃架空线及架空线杆架。
- 鼓励现有设施进行智能改造，提升城市服务的综合水平。

智能管理 Intelligent Management

- 实现街道监控设施全覆盖、及时分析终端提供的数据并自动识别特殊情况，在敏感地点及时发布预警信息，提升安防服务水平。
- 安全设施智能化，关注弱势群体需求，定点设置呼救设施，与路灯和信号灯等街道设施相结合。
- 加强街道环境检测保护，促进智能感应并降低能耗。普及设置环境监测传感器，对沿街噪声、空气质量、温度进行实时监测。
- 智能环保设施融入环卫系统。
- 智能照明、绿化引导节能减排。

案例 4-6：阜成门内大街"合杆并杆"

　　阜成门内大街的"合杆并杆"是指将必需的交通指示功能、电车线杆功能、路灯照明功能、交通治安监控功能、旅游引导功能统筹综合，全部安置在一根线杆上，同时，还额外增加了专门为人行便道设计的路灯。将原有 183 根杆整合减少到 55 根，其中综合杆 36 根，多为对向布置，不仅满足了相应的市政功能，其本身亦将成为改造后阜成门内大街的一道特色风景。

案例 4-7：历史文化街区智能监测系统

　　由北京市规划国土委规划西城分局、西城区科信委等共同组织研发的世界上第一款产品化全要素城市传感器设备，部署在白塔寺历史文化街区。结合时空信息云平台底图服务，运用微传感器、低功耗物联网、视频处理等新技术，就可以对该区域的 20 余项城市数据进行监测，并进行空间分析展示，从而达到了对该区域进行实时"动态体检"的目的。

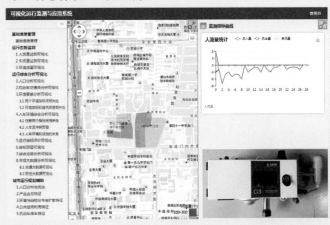

交互辅助 Interactive Support

- 结合周边广告及广播提供具有时效性的街道信息发布。
- 沿街提供信息查询终端，没有手机也可以获取服务。
- 通过识别二维码，实现对古树名木、文物、建筑等各类城市信息的查询。
- 利用互联网终端的 APP 应用查询街道信息及出行信息，促进智慧出行。

案例 4-8：古树二维码

古树二维码是由西城区园林绿化局组织开发的古树名木信息移动平台，通过手机扫描二维码可以了解树木的习性、形态特征等信息。

案例 4-9：文物二维码

文物二维码是由西城区文化委组织开发的文物信息移动平台，只要"扫一扫"就能在手机上了解到详细的文保单位信息，还可通过语音功能聆听导览讲解。

案例 4-10："北京文化遗产"手机 APP 平台

"北京文化遗产"手机 APP 平台是由北京市规划国土委规划西城分局、东城分局、西城区历史文化名城保护促进中心组织开发。"北京文化遗产"APP 对东西城两区所有国家级、市级、区级文物保护单位的位置、历史文化保护区的范围、文化探访路线等做出了明确的标注，对每一个文物保护单位也做了详细的介绍。

停车优化 Parking Optimization

- 结合边角地设置停车场。
- 有条件的地方建设立体停车设施。
- 有条件的街道结合地下管廊，设置地下停车设施。
- 利用错时停车、分时段停车增加停车空间利用效率。

- 智能停车协调供需矛盾，提高停车诱导系统覆盖率。在停车位供需矛盾较大的区域，可设置停车感应器。使用信息技术等手段建立方便用户使用的停车系统，例如停车位查询系统、电子远程支付系统等。

案例4-11：受壁街地下停车场

利用受壁街道路地下空间，在不影响道路通行的情况下，设计综合管廊及地下停车设施。

案例4-12：白米斜街停车场

利用现状停车场地，设置立体地下停车设施。

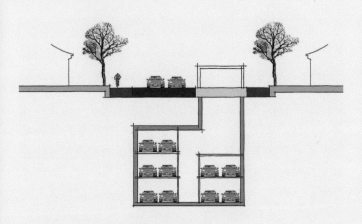

案例4-13：凌奇公司停车设施

凌奇公司利用院内空余场地，建设立体停车设施，为周边提供停车服务。

案例4-14：西单停车场诱导系统

西单北大街北口设立智能停车诱导系统，实时显示区域楼宇车位占用情况。

4. 文化 Culture

强化四名 "Four Distinguished"

完善"名城、名业、名人、名景"四位一体的工作体系，坚持历史文化名城保护与历史文化传承并重，历史文化名城文脉延续与名城文化建设并重，活化文物，挖掘、发挥非物质文化遗产、老字号和古今各行业名人汇聚的文化资源优势，延续和拓展各类品牌文化活动。

案例 4-15："四名"工作体系

"四名"是西城区独创的历史文化名城保护工作体系，区长王少峰在 2012 年 11 月 15 日首次提出构建"名城、名人、名业、名景"四位一体的名城保护工作体系，旨在传统历史文化名城保护理念的基础上，由注重物质空间和物质形态的保护转向全方位的文化传承的保护，其中名城是保护工作的基础，名业是支撑，名人是关键，名景是乡愁，是未来的愿景。"四名"工作体系包括如下四个方面：名城，面向传统历史文化的物质空间，引领未来传承文脉、有机更新，指以历史文化街区、街巷胡同、建筑、河湖水系、古树名木等物质要素为主的地理实体空间的建设和保护以及人居环境改善等工作；名业，包括传统各类老字号和非物质文化遗产以及现代金融、科技、文化创意、教育等各行业，指各类传统商业服务业、传统和现代演艺业、新兴文化创意产业等的传承和发展等工作；名人，是名城的灵魂与代表，指以古今政治、经济、文体、社会服务业名人及其他著名人物为载体的研究和宣传等工作；名景，是建筑形成的景观、文化活动的载体、心灵深处的记忆，指依托有影响力的景观、活动、媒体带动和促进区域经济、社会、文化发展等工作。

历史传承 Historical Inheritance

- 保护历史街区的整体风貌，强化胡同—四合院城市肌理和空间格局，保护古树名木。
- 传统建筑的修缮、翻建、改建等，应采用传统工艺做法，并符合传统规制和布局，传承独特建筑体系。
- 积极发掘、整理、恢复和保护各类非物质文化遗产，

- 保护和传承传统地名、戏曲、音乐、书画、服饰、技艺、医药、饮食、庙会等。
- 加强老字号原址、原貌保护。鼓励传统特色商业在有条件的地区聚集发展，培育和扶持符合地区特色的传统商业街和商业区。

案例 4-16：万松老人塔成为公共阅读空间

万松老人塔位于西四北大街西侧，是全国重点文物保护单位，始建于元代，是北京老城现存唯一一座密檐式砖塔。2010—2011 年，万松老人塔修缮，拆除了 1986 年门楼后面加建的三间房屋，移走居民和商店。2014 年 4 月 23 日"世界读书日"，万松老人塔及塔院作为非营利性公共阅读空间"砖读"免费向公众开放。由正阳书局受北京"砖读"运营管理委员会的委托进行管理。万松老人塔的创新利用，是西城区新型现代公共文化体系的一次探索，也是北京市首次将文物保护单位打造成公共阅读空间，政府与私人机构合作的范例。

案例 4-17：雁翅楼中国书店 24 小时店

雁翅楼位于北京中轴线两侧，始建于明永乐年间（1420 年），曾是地安门的戍卫建筑，因其布局形似张开翅膀飞翔的大雁而得名。北端紧邻地安门，南段与地安门皇城墙相接，1954 年，因疏导北部城区交通的需要被拆除。2013 年雁翅楼风貌建筑工程开始建设，2014 年完工。2015 年 7 月，雁翅楼中国书店 24 小时店正式开业，它是首个北京中轴线上的 24 小时书店，集公共阅读、文化传承、慢生活休闲、文化产品推介于一体。这是西城区政府与中国书店合作，保护挖掘利用历史文化资源、大力发展实体书店的范例。

案例 4-18：历史街区与北京国际设计周

自 2011 年起，大栅栏、白塔寺、什刹海、天桥等地区陆续加入北京国际设计周的展示活动，探索街区复兴新路径，使历史街区焕发新的活力。

2011 年，大栅栏地区开展了全面系统的"大栅栏更新计划"，包括"大栅栏领航员项目"。2014 年，被美国 *Motropolis* 大都会杂志评选为"全球 18 个前途无量的设计街区"；大栅栏更新计划受邀作为首个中国城市馆独立项目参加第 14 届威尼斯双年展，项目荣获"中国城市馆特别促进奖"和"中国城市馆杰出成就奖"。2015 年，大栅栏领航员项目参加迪拜设计节；《穿越米兰——从大栅栏到威尼斯》专题片获邀在米兰世博会中国日主题活动播出；谦虚旅社项目获美国 ArchitizerA+

Awards 小型居住评委奖与社区公众奖两个奖项；大栅栏领航员项目受邀参加鹿特丹双年展；"微杂院"项目以及大栅栏杨梅竹斜街"安住—平民花园"代表大栅栏领航员项目分别再次亮相威尼斯建筑双年展主展及中国国家馆。2017 年，大栅栏更新计划获得 IAPA 第三届国际公共艺术大奖。

2015 年举办了白塔寺再生计划英国建筑联盟学院北京访校 2015 活动。2016 年举办世界学院 (TGS) 和白塔寺印刷俱乐部两个知识创造中心活动，举办了"北京小院儿的重生"为主题的国际方案竞赛。

2016 年举办"遇见什刹海"活动，涵盖城市复兴及居住改善试点院落建筑展、院落更新设计方案展、艺术

内盒院

微杂院

创作、文化传承、社区生活互动等内容。

- 微杂院，茶儿胡同 8 号，由著名建筑师张轲领衔设计，以互相共生为最重要的出发点。2016 年荣获阿卡汗建筑奖。张轲还在白塔寺地区宫门口四条 36 号设计了"共生院"。
- 内盒院，杨梅竹斜街 72 号、茗帚胡同 37 号，由众建筑／众产品与大栅栏跨界中心共同研发，对解决胡同区域居住实际问题以及提升居住质量做出了重大探索。2015 年，先后荣获 ArchizerA+Awards "低成本造价"评委奖及"小型住宅"最受欢迎奖，世界建筑节 (WAD) 最佳新与旧建筑大奖。
- 四分院，宫门口四条 24 号，由著名建筑师华黎领衔设计，将场地分为四组空间，每组包含一个房间和一个私人小院，并采用了装配式施工工艺。
- 乐春坊 1 号院，什刹海乐春坊，由清华大学边兰春教授领衔设计，是对于兼顾风貌保护以及民生改善，提升生活品质等方面所做的一次尝试。
- 混合院，宫门口四条 22 号，由著名建筑师董功领衔设计。通过"混杂"状态，增加空间的灵活性，给予私密性和领域感。
- 叠合院，护国寺西巷 37 号，由著名建筑师李兴钢领衔设计。在保留原有建筑现状尺度、限高的基础上，设定几处不同的标高，形成一种连续"叠层"的合院空间。

乐春坊

混合院

四分院

叠合院

新旧交融 Modern and Traditional Style Integration

● 新建建筑的尺度、样式、色彩应与周边环境相协调。

● 传统风貌区处理好功能需要与传统建筑形式、胡同空间的融合。

● 一般建成区注重新旧结合，创造具有中国特色的现代特征，打造精致、典雅的风格。

案例 4-19：白塔寺药店降层

白塔寺药店位于妙应寺白塔东南侧，原建筑主体地上五层，檐口高18.1米，因对"妙应寺白塔"景观有遮挡，人大代表、政协委员，特别是专家多次提出，应降低白塔寺药店建筑高度。2013年西城区着手实施白塔寺药店降层，主体结构由五层降为二层，降层后建筑外观为仿清风格，并由原盝顶改为坡顶。项目实施体现了对地区重要历史景观的尊重，并在实施过程中，白塔寺药店没有停业一直经营，照顾到多方利益。

降层前

降层后

案例 4-20：大栅栏—北京坊

北京坊位于中国历史文化街区大栅栏东北部，在保留原有胡同肌理的基础上，围绕劝业场等重点文物，由王世仁、崔愷、齐欣、朱小地、朱文一、边兰春、吴晨等多位大师设计，形成了和而不同的丰富建筑群落空间。

案例 4-21：天桥艺术中心

天桥艺术中心位于老城中轴线西侧，与天坛隔街相望，项目实施体现了尊重天桥地区的传统，以较高的标准建设公共文化设施，带动地区发展的特点。在秉承历史底蕴的同时又充满着现代气息。

文化认同 Cultural Identity

- 围绕"四节·日"开展独具特色的传统节日活动，提升文化自信，强化文化认同感。
- 挖掘社区历史文化资源，建立社区小微博物馆、图书

室、展览馆等文化设施，服务百姓文化生活。
- 通过手工艺工作坊、文艺活动、志愿者活动等多种形式的社会、文化活动，增强社会责任感和社区凝聚力。

案例 4-22："四名汇智"计划

"四名汇智"计划是北京市西城区历史文化名城保护促进中心与西城名城委青年工作者委员会在 2017 年度创办的名城保护行动支持计划，旨在支持自下而上的名城保护活动，培育社会力量、推动共识建立、助力名城

保护。目前，"四名汇智"计划在 9 家热心企业的资源支持下，已开展两期面向社会的公开招募活动，总计支持 40 余个展览、讲座、启蒙课程、胡同探访、口述史收集等软性文化项目，共开展百余场精彩文化活动。

案例 4-23：大栅栏街道社区治理

清华大学社会学系和清华大学社区营造研究中心为保护老城区，实现老旧街区活的历史文化保护的目标，于 2014 年进入大栅栏街道开展了一场长期的社区治理创新实验。为此清华大学团队在大栅栏街道设计了社区整

体规划计划，其中包括了社区社会组织培育计划，探索出培育社区社会组织的工作流程。经过三年半的陪伴及着力辅导，已培育出 26 个社区组织。在这一过程中，社区组织内部凝聚力增强，组织管理能力提高。

图 4-27 老北京四合院博物馆揭牌仪式

图 4-28 厂甸庙会琉璃厂文市

图 4-29 椿树街道首届灯谜会

图 4-30 龙舟赛

图 4-31 宣南粉房琉璃街西立面图

图 4-32 月坛公园中秋游园会

图 4-33 画兔爷迎中秋

图 4-34 西单文化广场非遗日活动

图 4-35 社区居民与武警战士包粽子庆端午

5. 景观 Landscape

视廊控制 View Corridors Control

保护银锭观山景观视廊，保护景山万春亭、北海白塔、正阳门城楼和箭楼、妙应寺白塔、钟鼓楼、德胜门箭楼、天坛祈年殿、永定门等地标建筑之间的景观视廊。

对景保护 Opposite Sceneries Protection

保护重点街道对景，包括朝阜路北海大桥东望故宫西北角楼、陟山门街东望景山万春亭与西望北海白塔、地安门大街北望鼓楼、赵登禹路西望妙应寺白塔、西四北大街西望万松老人塔、天宁寺前街北望天宁寺塔、展览路北望北京展览馆等8处。严禁在景观视廊和街道对景保护范围内，插建对景观保护有影响的建筑。

城市景观线
街道对景
节点

图4-36 视廊对景示意图

图4-37 展览路北望北京展览馆

图4-38 地安门大街北望鼓楼

图 4-39 北海大桥东望故宫西北角楼

图 4-40 西四北大街西望万松老人塔

图 4-41 陟山门街西望北海白塔

图 4-42 赵登禹路西望妙应寺白塔

图 4-43 天宁寺前街北望天宁寺塔

图 4-44 陟山门街东望景山万春亭

线路探访 Route Finding

- 文化遗产小道：充分利用西城区特有的街道文化资源，通过组织各类人文活动使街道有机联系，彰显和提升街道慢行系统的人文价值和影响力，打造文化遗产小道。

- 生态健身小道：在市区两级绿道的基础上设置，打造融健身、休闲、娱乐为一体的生态健身小道。

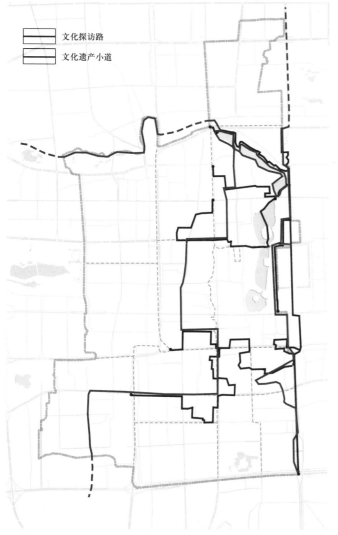

图 4-45 文化遗产小道示意图

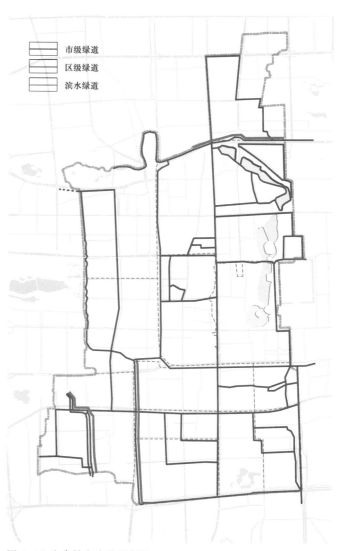

图 4-46 生态健身小道示意图

案例 4-24：文化遗产小道

以遗产地价值和遗产地精神为基础，文化遗产小道将风貌区中的人、景、业重新串联规划；使用"点、线、面"并行的方法，增加体验的时长和次数；以此充分发挥这一传播平台独有的扩大公共参与、整合文化资源、促进文化遗产增值增名的功能。

2016 年北京市西城区名城委的"文化传播专业委员会"牵头人人民日报海外版高级编辑齐欣开展西城文化遗产小道研究，组织文化遗产传播志愿者进行了多次实地考察和规划，将文化遗产小道分为"线性遗产体验线路"、"价值体验线路"和"风貌体验线路"。

案例 4-25：历史文化探访路

借鉴东京、首尔、巴黎、伦敦、波士顿等世界大城市的经验，2011 年清华大学边兰春教授主持完成了"首都功能核心区历史文化探访路专题研究"的课题研究。其中梳理了西城区 7 条探访路，分别为城市中轴线路线、皇城周边路线、东交民巷地区路线、大栅栏琉璃厂地区路线、城南会馆及法源寺地区路线、白塔寺及西四地区路线和什刹海地区路线。

探访路采用了"分类对待、逐段深化"的策略。主要分为三类，分别是以历史文化、旅游、新城市环境为特点。

中轴线遗产价值体验路线影响区域
大运河遗产价值体验路线影响区域
北京建城史价值体验路线影响区域
中轴线遗产价值体验路线
大运河遗产价值体验路线
北京建城史价值体验路线
停留节点

城市中轴线
皇城周边
东交民巷地区
大栅栏琉璃厂地区
城南会馆及法源寺地区
白塔寺及西四地区
什刹海地区

案例 4-26：李大钊故居至国家博物馆的文化遗产小道

2017 年 10 月 13 日，新华每日电讯报道："北京，一条街巷存储的民族复兴'密码'——从李大钊故居到国家博物馆，3 公里路上穿越时空的探寻"。

"斜阳草树，寻常巷陌，人道寄奴曾住。"新文化街、绒线胡同，这条总长约 3 公里的街巷，较之北边紧邻的长安街，只能算得上是"寻常巷陌"。北京市西城区文华胡同 24 号。当年叫"石咐马后宅 35 号"的这个院落，是李大钊在北京居住时间最长的地方。1990 年后，临近绒线胡同东端的人民大会堂，李大钊参与创建的中国共产党，第十九次全国代表大会即将在这里拉开帷幕，

"两个一百年"的灿烂图景，正一步步向我们走来。再往东，穿过天安门广场，就是中华人民共和国国家博物馆。馆内"复兴之路"展览上，编号"0001"的文物，就是 90 年前李大钊就义的绞刑架……

习近平总书记强调："一个民族、一个国家，必须知道自己是谁，是从哪里来的，要到哪里去，想明白了、想对了，就要坚定不移朝着目标前进。"我们重访李大钊曾多次走过的这条路，试图从这古国古都的古街巷，寻找今天这个"青春之国家，青春之民族"道路自信、理论自信、制度自信、文化自信的力量之源。

李大钊故居

鲁迅中学

案例 4-27：西城滨水绿道

　　西城滨水绿道项目是结合景观环境提升、文化内涵传承、公共服务完善的综合性项目。滨水绿道基于护城河水系和莲花河水系，将原来单纯的城市功能性河道，提升改造为环境优美的绿色生态河道。与此同时，将沿线及周边众多的历史遗迹、人文景观有机地串联起来，在西南二环护城河河堤打造了金中都公园、大观平渡、陶然春雨、临河知耕等景点景观，使绿道成为一条承载北京古都史迹的历史文化廊道，在市民游览绿道时，感受西城营城建都的历史文化。为方便群众过河到公园休闲，建设了二环护城河的第一廊桥宣阳桥。同时建构了绿地景区内的慢行系统，改造提升慢行步道 10 公里、骑行线路 5 公里。充分考虑居民的需求，在护城河滨水绿道内适合的地点点缀金中都公园驿站第二书房等文化设施，在莲花桥滨水绿道系统中增加服务性设施，使绿道功能更为完善，满足市民的多样化需求。项目整体设计将"景观生态、历史文化、现代休闲"进行了良好的结合，营造了优美、休闲、健身的绿化慢行空间。莲花河滨水绿道项目以社区组织、居民自发参与的形式，定期开展多种活动，丰富周边居民日常文化生活，强化居民的归属感和社区自豪感。

北二环绿道

宣阳桥

金中都公园

● 休闲购物小道：以特色商业街为主线，结合旅游线路，打造融购物、旅游、休闲为一体的休闲购物小道。

图 4-48 西单北大街

图 4-49 大栅栏街

图 4-47 休闲购物小道示意图

图 4-50 护国寺街

6. 艺术 Art

尺度适宜 Proper Scale

- 有条件的街道改造机动车道与非机动车道隔离绿化，种植高大乔木，对原来尺度较大的街道进行有效的分割，形成宜人的空间尺度。
- 沿街建筑 6-9m 以下形成连续界面。
- 街道公共空间应尺度宜人，避免过于空旷。

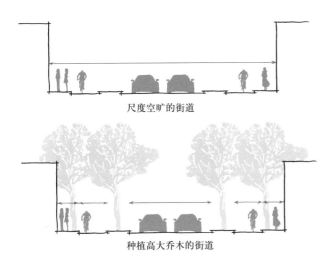

图 4-51 剖面：通过种植乔木，改善街道尺度示意图

图 4-52 南礼士路沿街建筑形成连续界面

细节得体 Decent Details

- 位于街角和街道对景的建筑或建筑局部应进行重点设计，强化街道空间的识别性、引导性与美学品质。
- 沿街建筑底部 6-9 米以下应进行重点设计，对于重要建筑入口要有精美、丰富的细节表达。
- 沿街围墙宜保持通透、美观。通透围墙的栏杆样式和不通透围墙的墙体形式应与建筑、周围环境相协调，避免千篇一律。
- 墙面上的设备和管线的布置应与整体环境相协调，整齐有序。

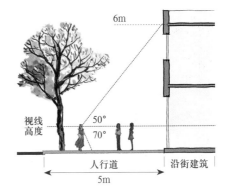

图 4-53 剖面：6 米以下视线分析图

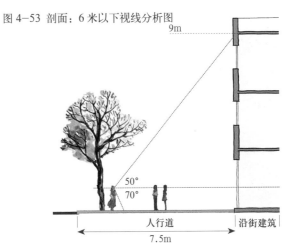

图 4-54 剖面：9 米以下视线分析图

色彩协调 Harmonious Color

- 传统风貌区中传统四合院建筑以灰砖灰瓦为主，临街建筑门窗样式、材质、尺寸大小应与建筑风貌协调，颜色宜用黑色、棕色、木本色或黑红净搭配，铺面建筑稍丰富一些，有绿色、青色等，忌大面积用红色。

- 传统风貌区中新建建筑应以砖木结构为主，材质与色彩应与传统建筑相协调，以灰色调为主，可少量采用玻璃、钢材等现代建筑材料，忌用鲜艳颜色。

- 一般建成区与传统风貌区相邻的街道界面，材质与色彩应尊重传统风貌区，注重尺度上的呼应和色彩上的协调。

- 一般建成区中，一定区域内材料和色彩宜协调统一，忌用大面积的鲜艳色彩。

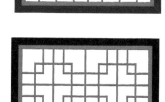
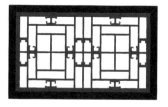

图 4-55 棂条形式和窗格颜色

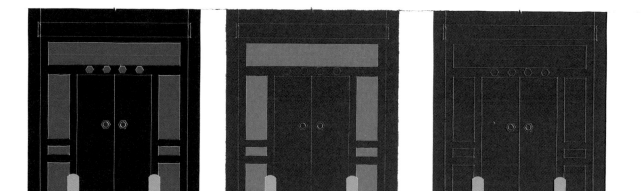

图 4-56 典型大门色彩样式

图 4-57 胡同青砖灰瓦

图 4-58 暖灰色外墙

第五立面 Fifth Facade

- 屋顶形态与尺度应与地区周边现状建筑屋顶的特色相协调，满足建筑控制线和街道断面设计的相应要求，注重尺度适宜、高低得体。
- 在同一功能区范围内的建筑屋顶的体量、形式、材料、颜色和风格应统一协调，应与建筑墙面相协调。
- 在传统风貌区内采用坡屋顶形式，屋面材料、做法和坡度符合传统建筑规制。
- 一般建成区内鼓励屋顶绿化的种植，屋顶设备装置进行良好组织布置，形成有序整齐的屋顶设施布局。

牌匾标识 Signboard and Logo Plaque

- 牌匾标识应与街区人文特色相结合，与周围环境和城市景观相协调。
- 门牌、楼牌和街巷牌应统一设置位置，有序放置。
- 历史文化资源说明牌及步行者导向牌等，应按照统一标准，统一规划设置地点和位置，方便识读。
- 广告设置符合城市景观美学要求，与周边人文景观、自然环境相协调。同时注重昼夜景观的协调，达到白天美化城市景观与夜间妆点城市夜景的和谐统一。

图 4-59 西四北六条

图 4-61 底商广告

图 4-60 丁章胡同

图 4-62 杨梅竹斜街上的店铺招牌

城市家具 Urban Furnishings

- 城市家具充分考虑人性化需求，结合实际使用功能，采用环保材料，统筹全生命周期制造、使用、回收和再利用。
- 风格与周边环境相协调，体现地域文化特色。
- 鼓励城市家具等环境设施设计艺术化。

夜景照明 Nightscape Lighting

- 以经济适用、节能环保、美化环境为原则。
- 街道胡同照明在满足使用需求的前提下，符合低照度的要求。历史文化街区胡同内照明应优先考虑在门头、墙面设置灯具，避免占用胡同通行空间。灯杆灯具应与周边环境相协调。
- 建筑照明不得连续大面积采用户外广告屏、霓虹灯、投影灯等影响周边环境和居民正常生活的照明方式，不得出现尺度过大、亮度过高、色彩过于鲜艳的建筑照明。

图 4-63 金融街购物中心果皮箱

图 4-65 国家大剧院

图 4-64 西河沿街花箱

图 4-66 大栅栏杨梅竹斜街

雕塑装置 Sculpture and Installation

- 鼓励在街道空间中设置公共艺术作品，并与各种活动相结合。设置智慧艺术装置，扩展声音、气味、触觉等传播媒介。
- 充分发掘历史文化内涵，结合主题、人物、事件、场所等创作，提升环境艺术气质。

图 4-67 复兴门西南角"海豚与人"雕塑

图 4-68 天桥广场"天桥八大怪之一穷不怕"雕塑

图 4-69 金融街"古币金融"雕塑

图 4-70 阜成门顺城公园"黎明的驼铃"雕塑

图 4-71 国际设计周白塔寺艺术装置

第五章　设计分则　Chapter 5　Specific Provisions on Design

1. 分区特色 Features of Subareas

设计分则分别针对一般建成区和传统风貌区中不同类型的街道胡同公共空间进行分类规划指引。因为一般建成区内还保留一些胡同，传统风貌区内也存在一些比较宽的街道，应互相参照进行规划指引。

一般建成区——政务活动区

主要党政机关办公的区域。街道公共空间基调：安全、庄严、沉稳、厚重、大气、仪式感强、素雅、精致、整洁。

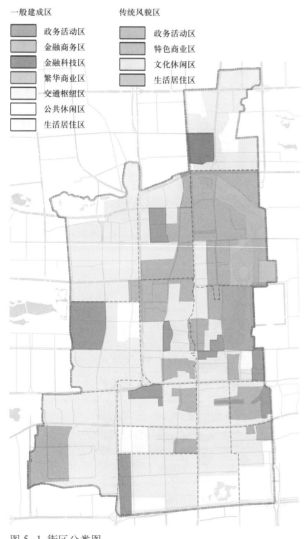

一般建成区

- 政务活动区
- 金融商务区
- 金融科技区
- 繁华商业区
- 交通枢纽区
- 公共休闲区
- 生活居住区

传统风貌区

- 政务活动区
- 特色商业区
- 文化休闲区
- 生活居住区

图 5-1 街区分类图

图 5-2 人民大会堂

图 5-3 国家发展和改革委员会

一般建成区——金融商务区

国家金融管理中心、金融机构、金融产业、金融商务服务的主要聚集区域，主要是指金融街。街道公共空间基调：交通便捷、现代、简洁、高品质、精致、整洁。

一般建成区——金融科技区

科技创新企业聚集区，主要是指中关村科技园区西城园德胜街区。街道公共空间基调：交通便捷、现代、简约、科技感强、整洁。

图 5-4 金融街购物中心

图 5-6 德胜科技园

图 5-5 金融街

图 5-7 德胜尚城

一般建成区——繁华商业区

　　零售商业聚集、交易频繁的地区。街道公共空间基调：交通便捷、设施完善、商业氛围浓郁、热闹、有序、整洁。

一般建成区——交通枢纽区

　　各种大型交通设施汇集的区域，主要是指西直门、北京北站地区。街道公共空间基调：交通组织有序、有大面积开敞空间、有利于人流组织和疏散、标识导引清晰、干净、整洁。

图 5-8　西单北大街

图 5-10　西环广场

图 5-9　马连道路

图 5-11　北京北站

一般建成区——公共休闲区

为市民提供休闲娱乐、游览、观赏、休憩、文化体育和科教活动的开放式城市公共空间，主要是指大型体育设施和公园。街道公共空间基调：交通便捷、有利于人流组织和疏散、设施完善、风景优美、整洁。

一般建成区——生活居住区

以居住功能为主的住宅生活区域。街道公共空间基调：尺度宜人、环境舒适、生活配套设施完善、安静、和谐、亲切、整洁。

图 5-12 陶然亭公园

图 5-14 菜市口大街东侧小区

图 5-13 北京动物园

图 5-15 百万庄北里住房改造项目

传统风貌区——政务活动区

在传统风貌区内主要党政机关办公的区域。胡同街巷公共空间基调：安全、庄严、沉稳、厚重、大气、古朴、素雅、精致、整洁。

传统风貌区——特色商业区

在传统风貌区内老字号等零售商业聚集、交易频繁的地区。胡同街巷公共空间基调：设施完善、商业氛围浓郁、热闹、有趣、古朴、传统特色鲜明、有序、整洁。

图 5-16 中南海新华门

图 5-18 大栅栏街

图 5-17 府右街

图 5-19 大栅栏北京坊

传统风貌区——文化休闲区

在传统风貌区内为市民提供休闲娱乐、游览、观赏、休憩、文化体育和科教活动的开放式城市公共空间，主要是指什刹海地区。胡同街巷公共空间基调：休闲、不过度商业化、传统特色鲜明、有利于人流组织和疏散、设施完善、风景优美、整洁。

传统风貌区——生活居住区

在传统风貌区内以居住功能为主的住宅生活区域。胡同街巷公共空间基调：尺度宜人、环境舒适、生活配套设施完善、古朴、安静、和谐、亲切、整洁。

图 5-20 什刹海前海

图 5-22 西四北八条

图 5-21 什刹海环湖

图 5-23 西四北二条

2. 一般建成区导则 Guide for General Built-up Areas

水平界面

主要包括人行道和公共空间两个部分，人行道首先保障人行交通，公共空间则主要结合周边功能，进行人车分流，划定停车线，有序停车；对于休闲活动的公共空间，以铺装或绿化隔离人行道和公共空间，并设置休闲服务设施。

水平界面涉及地面铺装，市政箱体，市政井盖，无障碍设施，停车泊位，阻车装置，自行车停放，绿植，景观设施，隔断，街道照明，临时围挡，城市道路公共服务设施，架空线等要素。

- 地面铺装：应符合街道风貌，同时应地面平整、防滑，建议尽量采用透水铺砖。
- 市政箱体：市政箱体建议尽量设置在街道不影响人行道的地方，尽量设置在建筑内部或地下。市政箱体应采取遮蔽、修饰等恰当的视觉弱化措施，使之与街道相协调，改造后不得增加箱体的占用空间。
- 市政井盖：应尽量减少街道地面上的市政井盖、雨水箅子的数量。街道内市政井盖、雨水箅子应样式简洁、低调，并采用与地面铺装相协调的色彩和材质。
- 无障碍设施：符合《无障碍设计规范》GB 50763—2012的有关规定。无障碍设施的形式、色彩、材质等应与周边环境相协调。
- 停车泊位：应结合街道的宽度、区位条件及周边功能，施划机动车停车泊位，有序组织交通，优先保证行人基本的安全通行空间及消防、救护和安全疏散需求。
- 阻车装置：为保障行人安全应合理设置阻车桩。在同一条道路或同一路口阻车桩的风格应统一协调。
- 自行车停放：合理设置自行车停放区域，小于4.5米的人行道原则上不划定自行车停放区域。自行车停放应整齐、有序。
- 绿植：兼顾活动与景观的需求，选择丰富的植物种类，增加景观层次、色彩多样性和街道识别性。
- 景观设施：景观设施的体量、高度、形式、色彩材料等应与周边环境相协调。在不影响正常通行、消防和安全疏散的前提下合理设置景观设施，并可与街道绿化结合设计，组织公共空间。
- 隔断：建议采取通透隔断，如栏杆、开墙透绿，不通透隔离在条件允许下可做墙面垂直绿化。
- 街道照明：应符合《城市照明管理规定》（住房和城乡建设部第4号令）以及相应的照明规划。
- 临时围挡：临时围挡应注重与周边环境相协调，禁止采用蓝色钢板。可采用垂直绿化进行美化，设置形式应整齐、美观。
- 城市道路公共服务设施：城市道路公共服务设施主要包括护围栏设施（含人行道护栏、公交站安全护栏、

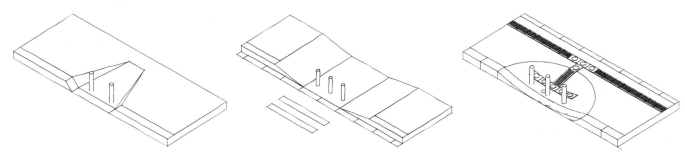

图5-24 三种典型人行道无障碍坡道及阻车桩做法示意图

图 5-25 车公庄大街（人行道、绿化）

图 5-26 槐柏树街（人行道、绿化、隔离、停车）

图 5-27 西单北大街（绿化、建筑前广场）

图 5-28 二龙路西街（人行道、隔断、垂直绿化）

图 5-29 西二环（树下绿篱、人行道、绿地、隔断、垂直绿化）

图 5-30 阜成门内大街（树下绿篱、人行道、建筑前绿地）

绿化设施带护栏等）、废物箱、行人导引类指示牌（含街牌、步行者导向牌、公厕指引牌、地铁指引牌、人行地道和人行天桥指引牌等）、公交车站设施（含站牌和候车亭）、邮政设施（含邮筒和邮政报刊亭）、公共电话亭、自行车存车设施（含自行车存车架、自行车存车围栏和公共自行车设施）、座椅、活动式公共厕所等，应符合《城市道路公共服务设施设置与管理规范》DB11/T 500—2016 要求。

- 架空线：有条件的应尽量入地，没有条件的应整理，严禁私搭乱接。

垂直界面

垂直界面涉及屋面，墙体，外立面门窗，卷帘门和防盗设施，雨棚和雨搭，台阶和散水，室外家用设备，室外公用设施，门牌、楼牌和街巷牌，文物标识，历史文化资源说明牌，牌匾标识，广告，公益宣传品，公告栏，建筑照明等。应符合《北京市城市建筑物外立面保持整洁管理规定》（市政府 [2007] 第 200 号令）的规定。

- 屋面：屋顶应保持整洁有序，禁止违法建设；同时应在适宜的平屋顶增加绿化。
- 墙体：拆除违建，整治开墙打洞，恢复原有建筑立面，保证沿街建筑立面、外檐、屋顶整洁，墙面无破损、

图 5-31 金融街威斯汀酒店外立面

图 5-32 中国工商银行外立面

图 5-33 东方资产大厦外立面

图 5-34 西单中国银行办公楼外立面

污迹，建筑立面定期进行粉刷油饰，且应与相邻建筑物立面相协调。未经批准严禁在楼房底层、院墙开门脸经营以及大拆大改建筑立面。

- 外立面门窗：设置应与建筑整体结构、色彩协调统一，考虑节能等要求，确保坚固耐久。沿街建筑门前无乱设信息牌，门窗无不干胶贴字。
- 卷帘门和防盗设施：卷帘门和防盗设施应统一设置，并与建筑整体风格相协调，样式应简洁、低调，不得使用反光材料。
- 雨棚和雨搭：应尽量统一雨棚、雨搭的设置位置，规范其与门窗的位置关系，样式应简洁、轻巧，色彩及材质应与背景墙体相协调。
- 台阶和散水：一般建成区的台阶不能侵占人行道，台阶和散水应处理好和人行道的关系，材料与颜色应与人行道相协调。
- 室外家用设备：应以景观化、隐形化为总原则，尽量隐蔽安置，并采用喷涂等隐蔽手段予以弱化，或采用外观喷涂、景观遮挡、外景遮蔽等方式隐于周边环境。
- 室外公用设施：一般建成区的室外公用设施应整洁统一，集中设置于隐蔽处，且不得影响行人通行或侵占

图 5-35 赵登禹路东侧住宅楼外立面

图 5-36 菜市口大街东侧小区住宅楼外立面

图 5-37 西直门南大街小区住宅楼外立面

图 5-38 百万庄北里住房改造项目外立面

行人通行空间，与建筑风格色彩相协调。

- 门牌、楼牌和街巷牌：应统一设置位置，有序放置。应符合《门牌、楼牌设置规范》DB11T 856—2012要求，严禁遮挡、损坏、无序摆放。

- 文物标识：应符合《文物保护单位标志》GB/T 22527—2008 的要求。

- 历史文化资源说明牌：一般建成区若出现历史文化资源牌，应统一设置并与历史文化的内容相协调，做到易于读写，简洁雅观。

- 公益宣传品：包括条幅、道旗、公告牌等。中南海及周边地区禁止设置标语和宣传品。其他地区街道内的公益宣传栏不得影响周边环境风貌和正常通行。样式、规格、色彩、材料等应与周边环境风貌相协调。

- 公告栏：公告栏优先采用靠墙设置，形式、色彩、材料应与周边环境风貌相协调。

- 牌匾标识：应符合《北京市市容环境卫生条例》和《北京市牌匾标识设置管理规范》（京管发[2017]140号）的相关规定，匾标识的形式、色彩、灯光效果等应与建筑风格相协调。原则上不设置落地式牌匾标识，牌匾标识不应遮挡檐口、窗户和门楣。严格执行"一店一招"标准。

- 广告：应符合《北京市户外广告设置规范》DB11 T 500—2016 要求，且应与街道的建筑立面相协调。

- 建筑照明：应符合《城市照明管理规定》（住房和城乡建设部第4号令）以及相应的照明规划。大中型公共建筑、沿街商店均应按规定安装装饰照明，按时启闭并保持设施完好；各类广告牌匾灯光应按规定设置，保持设施完好。

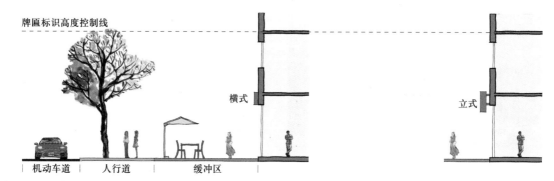

图 5-39 牌匾标识设置示意图

图 5-40 金融街公寓底商牌匾标识

图 5-41 金融街购物中心墙面标识

规划指引类型

一般建成区街道公共空间现状类型分为9类，针对这9种类型进行规划设计、整理提升，根据水平界面与垂直界面空间主要要素的互相关系，规划指引分为6种类型。

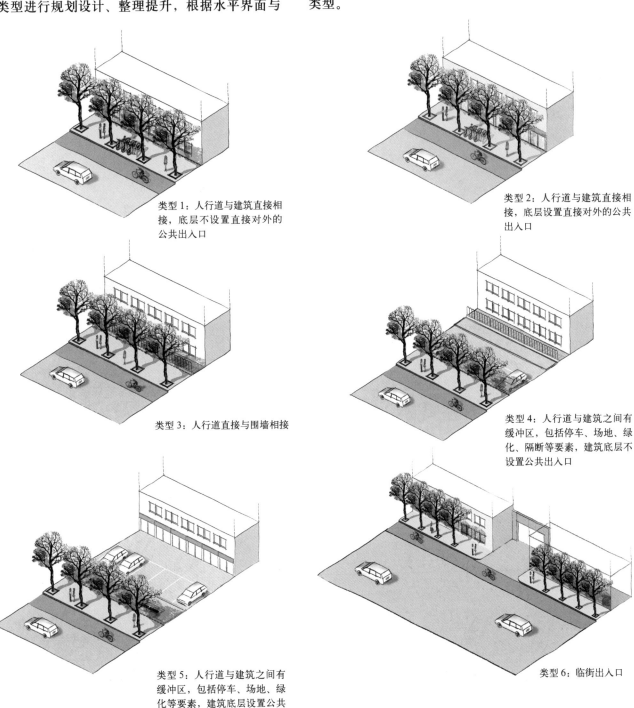

类型1：人行道与建筑直接相接，底层不设置直接对外的公共出入口

类型2：人行道与建筑直接相接，底层设置直接对外的公共出入口

类型3：人行道直接与围墙相接

类型4：人行道与建筑之间有缓冲区，包括停车、场地、绿化、隔断等要素，建筑底层不设置公共出入口

类型5：人行道与建筑之间有缓冲区，包括停车、场地、绿化等要素，建筑底层设置公共出入口

类型6：临街出入口

图5-42 一般建成区规划指引6大类型示意图

规划指引类型 1

● 类型 1：人行道与建筑直接相接，底层不设置直接对外的公共出入口（针对现状类型 1、现状类型 3 进行提升）。

● 指引要点：建筑一层开窗，尽量避免与行人形成视线干扰。建筑底层建议设置统一的护栏。

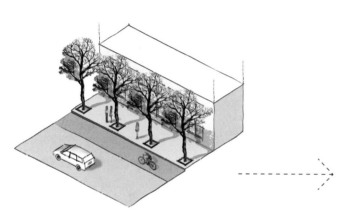

现状类型 1 有行道树 + 无公共出入口（人行道直接与建筑相接，建筑底层无公共出入口，人行道有行道树）

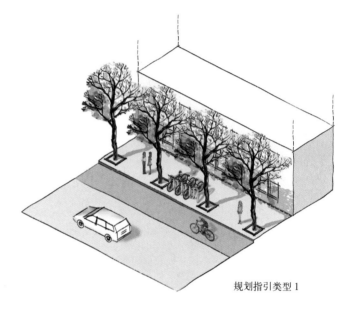

规划指引类型 1

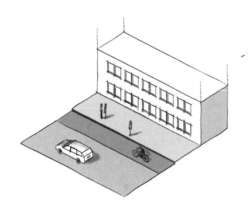

现状类型 3 无行道树 + 无公共出入口（人行道直接与建筑相接，建筑底层无公共出入口，人行道无行道树）

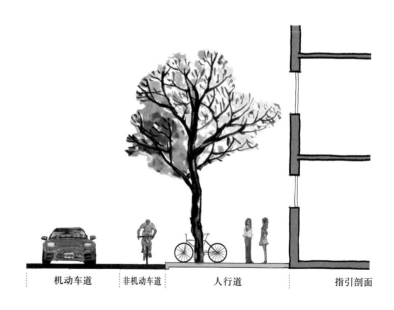

机动车道　　非机动车道　　人行道　　指引剖面

图 5-43 一般建成区规划指引类型 1 示意图

规划指引类型 2

● 类型 2：人行道与建筑直接相接，底层设置直接对外的公共出入口（针对现状类型 2、现状类型 4 进行提升）。

● 指引要点：公共出入口的出入口应设置缓冲空间，避免与行人发生冲突，公共出入口的台阶不占用人行道，在保证人行道宽度的前提下，建议在建筑墙根布置可移动种植箱，种植绿化。

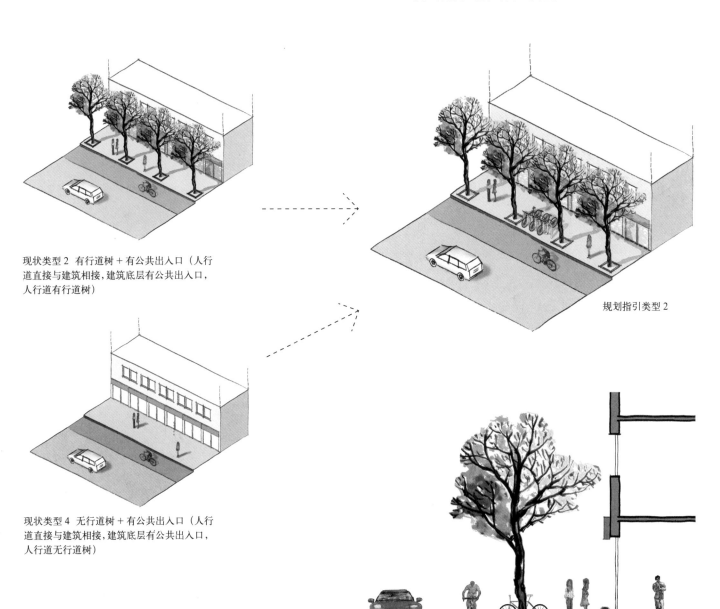

现状类型 2　有行道树＋有公共出入口（人行道直接与建筑相接，建筑底层有公共出入口，人行道有行道树）

现状类型 4　无行道树＋有公共出入口（人行道直接与建筑相接，建筑底层有公共出入口，人行道无行道树）

规划指引类型 2

机动车道　　非机动车道　　人行道　　　指引剖面

图 5-44　一般建成区规划指引类型 2 示意图

规划指引类型 3

● 类型 3：人行道直接与围墙相接（针对现状类型 5、现状类型 6 进行提升）。

● 指引要点：实墙，色彩、材质、形式、高度应与周围环境协调，有条件的可以做一定的垂直绿化。通透围墙，尽量避免采取模式化、千篇一律的样式，应与建筑风格相协调，并在围墙内侧种植绿化。

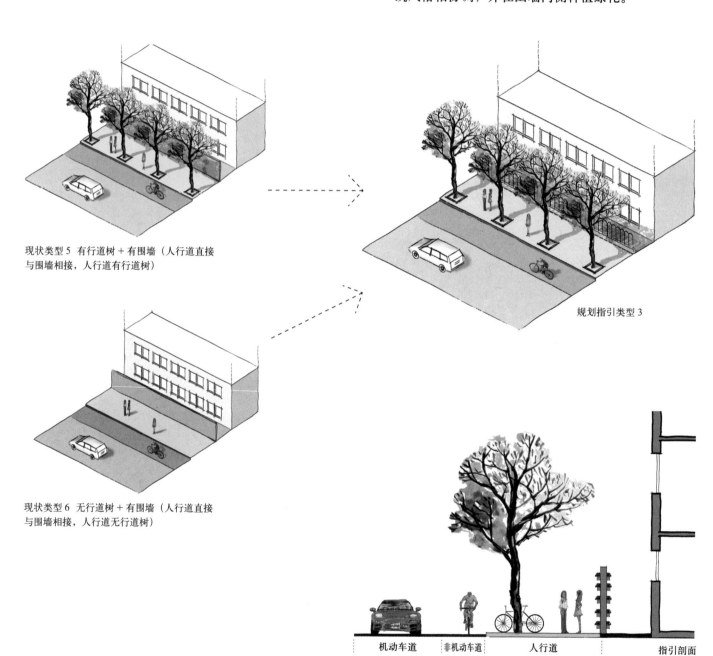

现状类型 5　有行道树 + 有围墙（人行道直接与围墙相接，人行道有行道树）

现状类型 6　无行道树 + 有围墙（人行道直接与围墙相接，人行道无行道树）

规划指引类型 3

机动车道　　非机动车道　　人行道　　　　指引剖面

图 5-45　一般建成区规划指引类型 3 示意图

规划指引类型 4

● 类型4：人行道与建筑之间有缓冲区，包括停车、场地、绿化、隔断等要素，建筑底层不设置公共出入口（针对现状类型7进行提升）。

● 指引要点：公共空间地面铺装与人行道相协调，出入口与人行道连接顺畅，与人行道之间设置适当隔断，公共空间合理安排停车泊位和其他公共服务设施，合理组织交通。绿化带应尽量设置在建筑前，合理配置植物，营造丰富的绿化景观。隔断应尽可能采用通透栏杆，尽量增加垂直绿化。

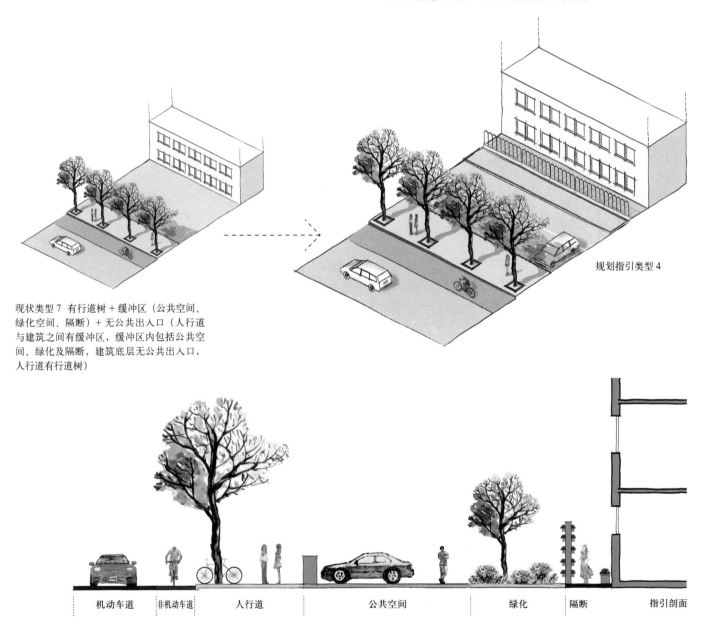

规划指引类型 4

现状类型 7 有行道树 + 缓冲区（公共空间、绿化空间、隔断）+ 无公共出入口（人行道与建筑之间有缓冲区，缓冲区内包括公共空间、绿化及隔断，建筑底层无公共出入口，人行道有行道树）

| 机动车道 | 非机动车道 | 人行道 | 公共空间 | 绿化 | 隔断 | 指引剖面 |

图 5-46 一般建成区规划指引类型 4 示意图

规划指引类型 5

● 类型 5：人行道与建筑之间有缓冲区，包括停车、场地、绿化等要素，建筑底层设置商业（针对现状类型 8 进行提升）。

● 指引要点：绿化空间尽量在人行道一侧设置，绿化宽度小于 3 米，以绿化布置为主，大于 3 米，可布置花园林荫路，并设置座椅等休憩设施，公共空间结合建筑公共出入口布置，合理安排人行、停车泊位和其他公共服务设施。

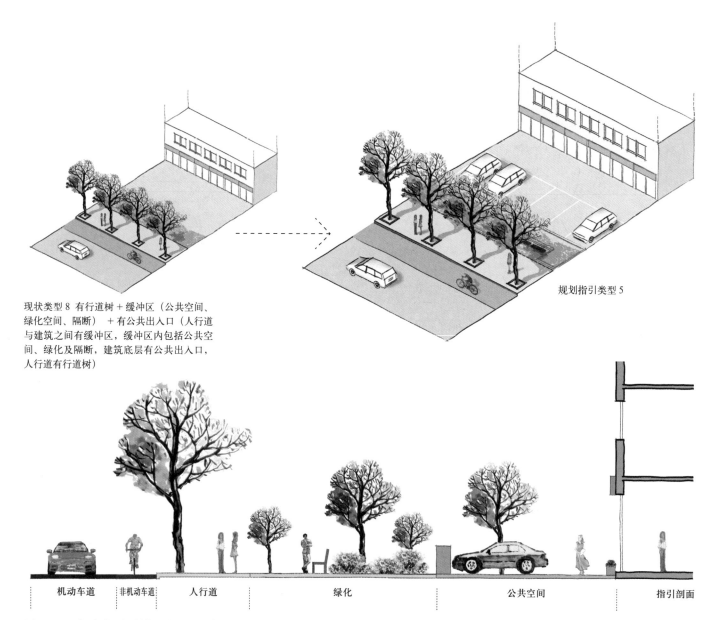

现状类型 8 有行道树 + 缓冲区（公共空间、绿化空间、隔断）＋ 有公共出入口（人行道与建筑之间有缓冲区，缓冲区内包括公共空间、绿化及隔断，建筑底层有公共出入口，人行道有行道树）

规划指引类型 5

| 机动车道 | 非机动车道 | 人行道 | 绿化 | 公共空间 | 指引剖面 |

图 5-47 一般建成区规划指引类型 5 示意图

规划指引类型 6

● 类型 6：临街出入口（针对现状类型 9 进行提升）。

● 指引要点：出入口应划设人行横道线、铺设减速带，在出入口两侧与人行道交界处设置隔离桩，以保证人行安全和机动车不占用人行道；在转弯处应避免绿化种植遮挡视线。

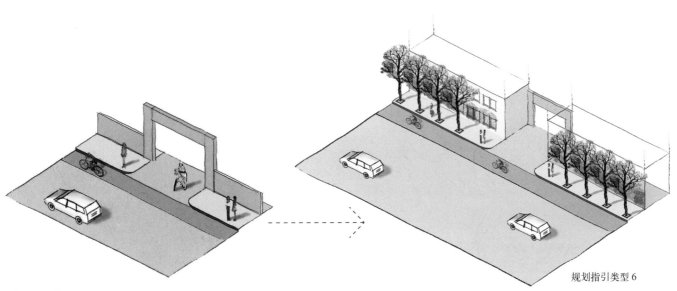

现状类型 9 出入口

规划指引类型 6

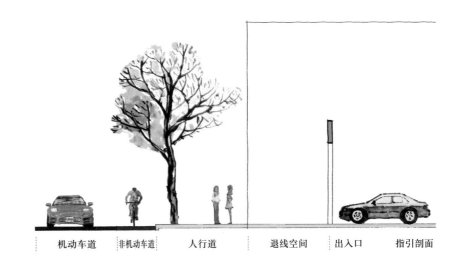

机动车道　非机动车道　　人行道　　　退线空间　　出入口　　指引剖面

图 5-48 一般建成区规划指引类型 6 示意图

导则使用案例：德胜街道新康社区新康路北侧

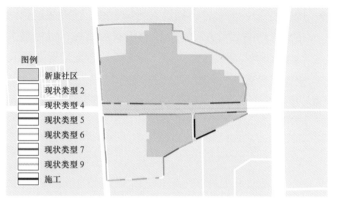

图例
- 新康社区
- 现状类型 2
- 现状类型 4
- 现状类型 5
- 现状类型 6
- 现状类型 7
- 现状类型 9
- 施工

为更好地使用本导则进行规划指引，我们通过德胜街道新康社区新康路一个实际使用案例来验证说明，将现状街道空间对照现状类型进行分类，经过整体性研究和分析，依据总则和分则，提出规划指引类型进行提升。

图 5-49 新康社区街道两侧公共空间现状类型索引示意图

图 5-50 新康路北侧街道实景

经分析，新康路北侧现状类型共有 6 种，分别是现状类型 2、4、5、6、7、9，依据总则和分则，我们将现状类型比对设计导则提出规划指引类型 4 种，分别为规划指引类型 2、3、4、6，实现了基本覆盖，验证了导则使用的可行性和实用性。

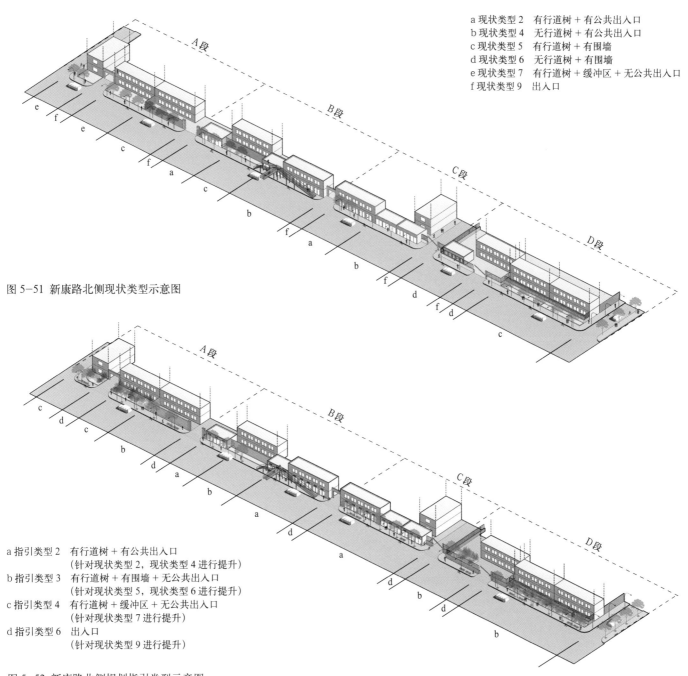

a 现状类型 2　有行道树 + 有公共出入口
b 现状类型 4　无行道树 + 有公共出入口
c 现状类型 5　有行道树 + 有围墙
d 现状类型 6　无行道树 + 有围墙
e 现状类型 7　有行道树 + 缓冲区 + 无公共出入口
f 现状类型 9　出入口

图 5-51　新康路北侧现状类型示意图

a 指引类型 2　有行道树 + 有公共出入口
　　　　　　　（针对现状类型 2，现状类型 4 进行提升）
b 指引类型 3　有行道树 + 有围墙 + 无公共出入口
　　　　　　　（针对现状类型 5，现状类型 6 进行提升）
c 指引类型 4　有行道树 + 缓冲区 + 无公共出入口
　　　　　　　（针对现状类型 7 进行提升）
d 指引类型 6　出入口
　　　　　　　（针对现状类型 9 进行提升）

图 5-52　新康路北侧规划指引类型示意图

A 段规划指引示意

通过对一般建成区街道空间的现状类型的分析，对照规划指引类型，提出主要规划要求：合理配置植物，营造丰富的绿化景观，转角增加人行道宽度，将绿化平面直角改弧角；围墙的色彩应与建筑协调，尽量增加垂直绿化；出入口划设人行横道线，铺设减速带。

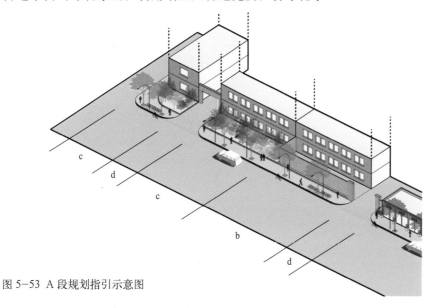

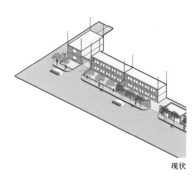

现状

图 5-53 A 段规划指引示意图

a 指引类型 2　有行道树 + 有公共出入口
（针对现状类型 2，现状类型 4 进行提升）
b 指引类型 3　有行道树 + 有围墙 + 无公共出入口
（针对现状类型 5，现状类型 6 进行提升）
c 指引类型 4　有行道树 + 缓冲区 + 无公共出入口
（针对现状类型 7 进行提升）
d 指引类型 6　出入口
（针对现状类型 9 进行提升）

B 段规划指引示意

通过对一般建成区街道空间的现状类型的分析，对照规划指引类型，提出主要规划要求：整治公共出入口及建筑广告牌匾标识；公共出入口应处理好与人行道之间的关系，墙根增加绿植箱；围墙的色彩应与建筑协调，尽量增加垂直绿化；补种行道树。

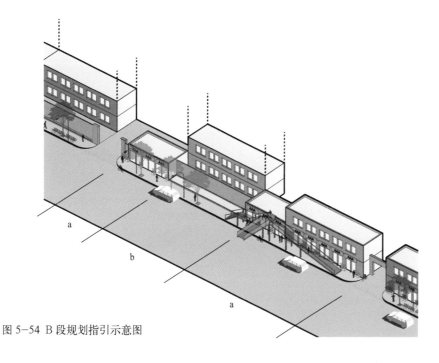

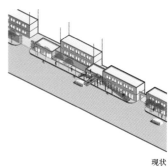

现状

图 5-54 B 段规划指引示意图

a 指引类型 2　有行道树 + 有公共出入口
（针对现状类型 2，现状类型 4 进行提升）
b 指引类型 3　有行道树 + 有围墙 + 无公共出入口
（针对现状类型 5，现状类型 6 进行提升）
c 指引类型 4　有行道树 + 缓冲区 + 无公共出入口
（针对现状类型 7 进行提升）
d 指引类型 6　出入口
（针对现状类型 9 进行提升）

C 段规划指引示意

通过对一般建成区街道空间的现状类型的分析，对照规划指引类型，提出主要规划要求：整治公共出入口及建筑广告牌匾标识；补种行道树；拆除违章建筑；出入口划设人行横道线，铺设减速带。

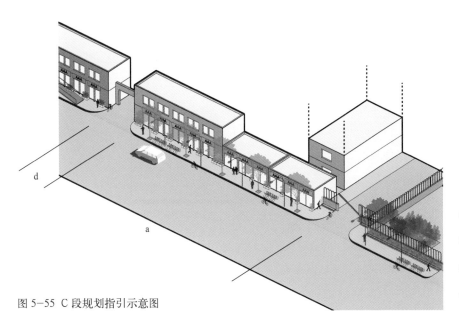

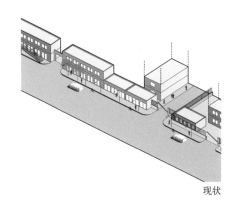

现状

a 指引类型 2　有行道树 + 有公共出入口
　　　　　　　（针对现状类型 2，现状类型 4 进行提升）
b 指引类型 3　有行道树 + 有围墙 + 无公共出入口
　　　　　　　（针对现状类型 5，现状类型 6 进行提升）
c 指引类型 4　有行道树 + 缓冲区 + 无公共出入口
　　　　　　　（针对现状类型 7 进行提升）
d 指引类型 6　出入口
　　　　　　　（针对现状类型 9 进行提升）

图 5-55　C 段规划指引示意图

D 段规划指引示意

通过对一般建成区街道空间的现状类型的分析，对照规划指引类型，提出主要规划要求：在院内种植高大乔木，起到遮荫作用；或结合院内改造，拆除沿街 1 层建筑，拓宽人行道，种植行道树。出入口划设人行横道线，铺设减速带。

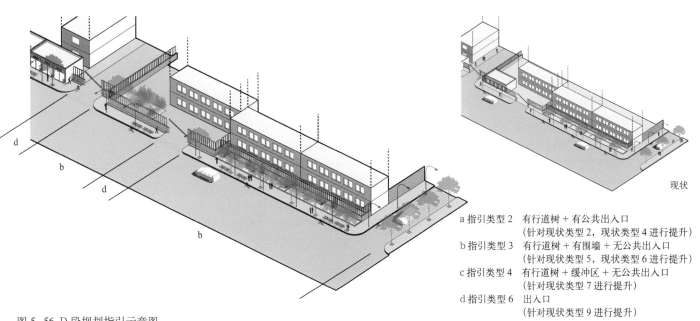

现状

a 指引类型 2　有行道树 + 有公共出入口
　　　　　　　（针对现状类型 2，现状类型 4 进行提升）
b 指引类型 3　有行道树 + 有围墙 + 无公共出入口
　　　　　　　（针对现状类型 5，现状类型 6 进行提升）
c 指引类型 4　有行道树 + 缓冲区 + 无公共出入口
　　　　　　　（针对现状类型 7 进行提升）
d 指引类型 6　出入口
　　　　　　　（针对现状类型 9 进行提升）

图 5-56　D 段规划指引示意图

3. 传统风貌区导则 Guide for Traditional Style Area

水平界面

水平界面涉及地面铺装，市政箱体，市政井盖，无障碍设施，停车组织，阻车装置，自行车停放，绿植，景观设施，胡同照明，临时围挡，城市道路公共服务设施，架空线等要素。应按照《北京旧城房屋修缮与保护技术导则》（京建科教 [2007]1154 号）、《北京市旧城房屋修缮与保护技术手册》和《核心区背街小巷环境整治提升设计管理导则》执行。

● 地面铺装：机动车通行的胡同采用透水沥青路面；机动车不通行的胡同采用透水性好、耐污染性强、清扫方便、平整耐磨并与传统风貌相协调的材料，处理好胡同铺装与建筑台基和外墙的衔接，避免胡同路面标高提高将建筑台基掩埋。

● 市政箱体：胡同内的市政箱体是指独立设置于胡同空间内的电力、电信、有线电视、燃气等市政设施箱体，包括电力变压器、电力派接箱、电信交接箱、有线电视分配箱、燃气调压箱等。胡同内的市政箱体应尽量设置在建筑内部或地下；若条件不允许时，应安排在隐蔽且不影响胡同正常通行和居民出行安全的位置。市政箱体应采取遮蔽、修饰等恰当的视觉弱化措施，使之与历史文化街区传统风貌相协调。

● 市政井盖：在满足市政功能的前提下，尽量减少胡同地面上的市政井盖、雨水箅子的数量，历史文化街区鼓励结合本区特色进行艺术设计。

● 无障碍设施：应符合《无障碍设计规范》GB 50763—2012 的有关规定，在不影响传统风貌、不影响胡同通行的前提下，可在有条件的地点、地段设置无障碍设施，形式、色彩、材质等应与传统风貌相协调。可采取可拆卸或可移动等具有可逆性的方式和做法。避免对现有建筑构件造成永久性破坏或形成永久性覆盖。

● 停车组织：以不破坏传统风貌、方便居民出行为原则适当设置机动车、非机动车停车。在传统风貌区周

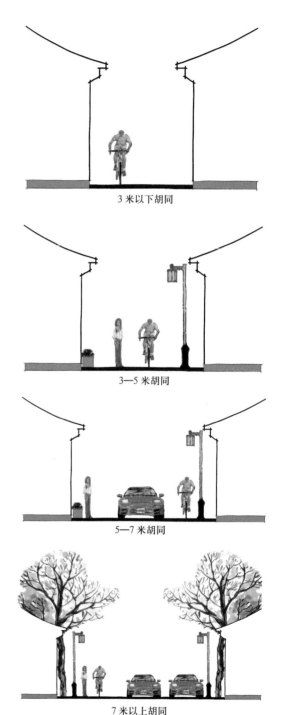

3 米以下胡同

3—5 米胡同

5—7 米胡同

7 米以上胡同

图 5-57 胡同指引剖面图

边有条件的地方可建设立体停车库或设置地下停车场。原则上3米以下和3—5米胡同，可组织步行、自行车交通，两侧均不得施划机动车停车泊位。5—7米胡同可组织单向机动车交通，7米以上胡同可组织单向机动车交通，并在一侧设置停车泊位。但需预留宽度不小于3.5米的消防通道，并应纳入城市机动车交通组织管理体系，停车泊位不得私装地锁。

- 阻车装置：可在胡同口设置可拆卸、升降的硬质阻车桩。
- 自行车停放：自行车停放应整齐、有序，且不得安装自行车停车装置。
- 绿植："见缝插针"增加绿化空间，可采用垂直绿化方式。在不影响胡同交通的前提下，适当间隔种植高大槐树等本地树种，不能种松柏树，不宜种杨柳树。在胡同适当的地方可种植花草或摆放盆栽，采用芍药、月季、牡丹、夹竹桃、无花果、牵牛花等传统花草种类。沿墙可适当种植地锦（爬山虎）、葫芦等。
- 景观设施：树池外形、砌法、材料要符合老北京传统，宜用灰砖。亭榭小品、花池花箱、围墙围栏、公共艺术等景观设施的体量、高度、形式、色彩、材料等应与周边环境相协调。
- 胡同照明：沿胡同采用暖色光源，与周边环境相协调。应优先考虑利用在门头、墙面设置灯具，避免占用胡同空间。路灯的样式应与传统风貌相协调。若采用灯杆，其高度应控制在2.5米左右。
- 临时围挡：临时围挡应注重与传统风貌相协调，采用灰色围挡，禁止采用蓝色钢板，鼓励采用垂直绿化进行美化，设置形式应整齐、美观。
- 城市道路公共服务设施：城市道路公共服务设施主要包括废物箱、行人导引类指示牌（含街牌、步行者导向牌、公厕指引牌、地铁指引牌、人行地道和人行天桥指引牌等）、公共电话亭、邮政设施、座椅等，上述设施设置应符合《城市道路公共服务设施设置与管理规范》（DB11/T 500—2016）要求，与周边环境相协调。胡同内原则上不设垃圾桶，果皮箱的设置应按照《北京市居住区办公区生活垃圾分类收集和处理设施配套建设标准（试行）》执行。

- 架空线：具备入地条件的弱电线缆应入地，不具备入地条件时，弱电线缆可采取直埋、桥架、桥架与直埋混搭三种方式进行梳理。不可移动文物、历史建筑、传统风貌建筑外立面禁止安装桥架。具备入地条件时，强电线缆实现架空线入地。

图5-58 胡同绿化

图5-59 西河沿街——路灯

垂直界面

符合传统风貌的建筑以整理为主，保留其历史原味，恢复建筑本来面貌，不符合传统风貌的建筑以整治和改造为主。严格控制建筑色彩、材质、屋顶形式、墙面、门窗尺寸等，不过多装饰，有序设置管线设备，规范广告牌匾标识。应按照《北京旧城房屋修缮与保护技术导则》（京建科教 [2007]1154 号）和《北京市旧城房屋修缮与保护技术手册》《核心区背街小巷环境整治提升设计管理导则》执行。

根据《北京旧城历史文化保护区房屋保护和修缮工作的若干规定（试行）》（京政办发 [2003]65 号）《北京旧城 25 片历史文化保护区保护规划》的要求和原则，文物类建筑应依据有关文物保护的法律法规对其进行严格保护。保护类建筑只可按原有建筑格局和建筑形式进行修缮，不得拆除、改建和扩建。如对其内部进行现代化改造的，应保留原有格局和外貌。改善类、保留类、更新类、整饰类建筑的整治参照本导则进行建筑指引，建筑指引类型分为 5 大类。

建筑指引类型甲　传统风格坡顶

建筑指引类型丙　近代建筑风格

建筑指引类型乙　传统风格平顶

建筑指引类型丁　盝顶

建筑指引类型戊　墙

图 5-60 建筑指引 5 大类型示意图

建筑指引类型甲：传统风格坡顶（针对现状类型甲、丁、戊、己进行提升）

图 5-61 建筑指引类型甲示意图

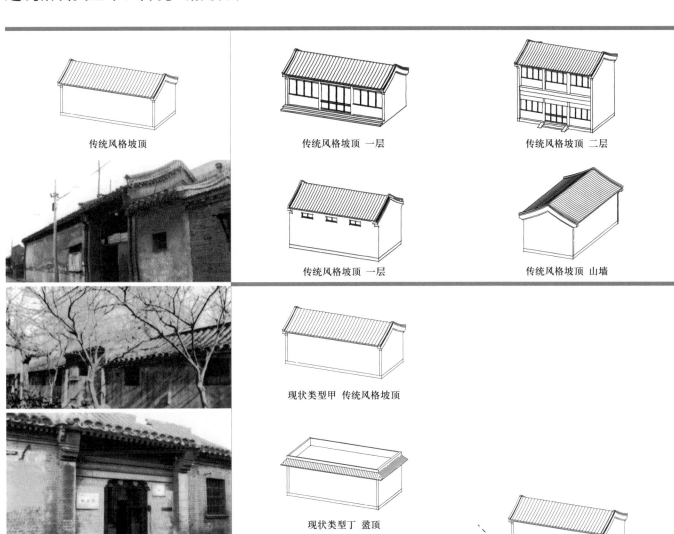

传统风格坡顶

传统风格坡顶 一层

传统风格坡顶 二层

传统风格坡顶 一层

传统风格坡顶 山墙

现状类型甲 传统风格坡顶

现状类型丁 盝顶

建筑指引类型甲 传统风格坡顶

现状类型戊 现代风格坡顶

现状类型己 现代风格平顶

建筑指引类型乙：传统风格平顶（针对现状类型乙、丁、已进行提升）

图 5-62 建筑指引类型乙示意图

传统风格平顶

传统风格平顶 一层

传统风格平顶 一层

传统风格平顶 一层

传统风格平顶 山墙

现状类型乙 传统风格平顶

现状类型丁 盝顶

建筑指引类型乙 传统风格平顶

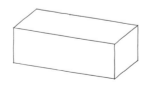

现状类型已 现代风格平顶

建筑指引类型丙：近代建筑风格（针对现状类型丙、丁、戊、已进行提升）

图 5-63 建筑指引类型丙示意图

近代建筑风格

近代建筑风格平顶 一层

近代建筑风格坡顶 二层

近代建筑风格平顶 一层

近代建筑风格坡顶 二层

现状类型丙 近代建筑风格

现状类型丁 盝顶

建筑指引类型丙 近代建筑风格

现状类型戊 现代风格坡顶

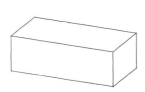

现状类型己 现代风格平顶

第五章　设计分则

建筑指引类型丁：盝顶（针对现状类型丁进行提升）

图 5-64 建筑指引类型丁示意图

盝顶

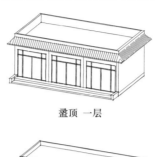

盝顶 一层

盝顶 二层

盝顶 一层

盝顶 二层

注：现有盝顶是一种折中、混合的样式，不鼓励盝顶样式，对现有盝顶以整治为主，有条件的鼓励改为传统风格样式。

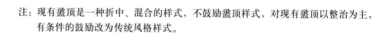

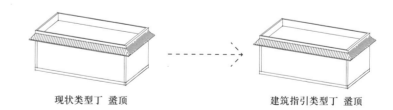

现状类型丁 盝顶　　　　　　　　建筑指引类型丁 盝顶

建筑指引类型戊：墙及出入口（针对现状类型庚进行提升）

图 5-65 建筑指引类型戊示意图

墙及出入口

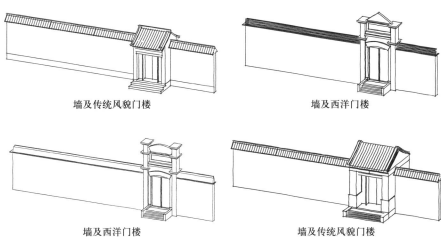

墙及传统风貌门楼　　墙及西洋门楼

墙及西洋门楼　　墙及传统风貌门楼

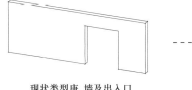

现状类型庚　墙及出入口

建筑指引类型戊　墙及出入口

重要古建测绘参考书籍 1：《增订宣南鸿雪图志》

宣南，是近代时尚百业荟萃、文化名流云集之地，文化史迹非常丰富。1994年原宣武区政府开展《宣南鸿雪图志》的编写，并于1995年出版发行。2015年，西城区委、区政府为弘扬宣南文化，委托王世仁先生等以及北京建工建筑设计研究院对原《宣南鸿雪图志》进行了修订，并出版发行。

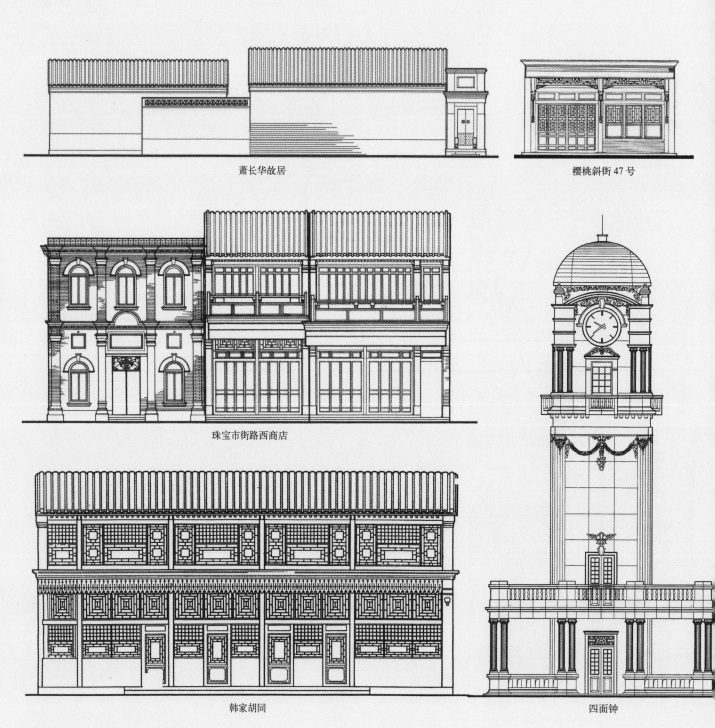

萧长华故居

樱桃斜街 47 号

珠宝市街路西商店

韩家胡同

四面钟

重要古建测绘参考书籍 2：《东华图志》

2005年，东城区区委、区政府委托王世仁先生等开展了《东华图志》的编写，并出版发行。《东华图志》是一部以图文并重的形式记录北京老城文化古迹的图书。书中收录和介绍了文物古迹近400项，在地图上标出历史文化遗产约2000处、绘制了古建筑图816幅，还收录了多副古旧地图。

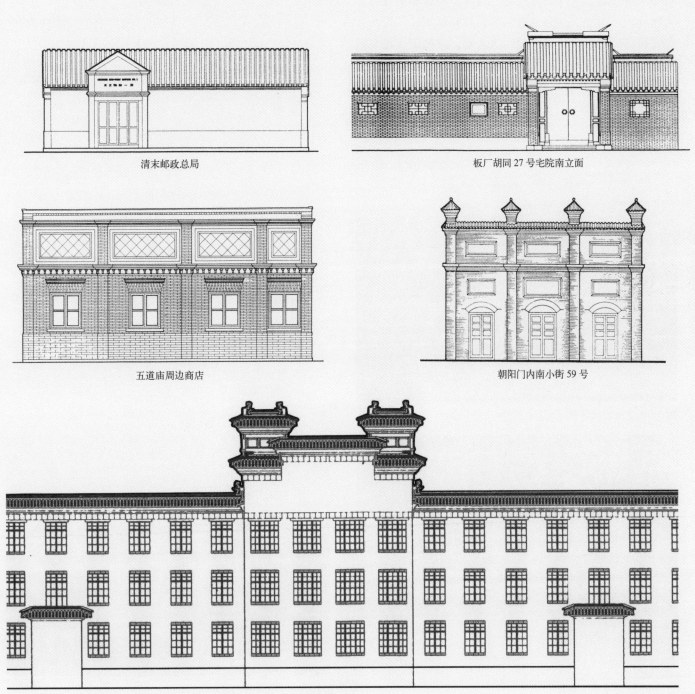

清末邮政总局

板厂胡同27号宅院南立面

五道庙周边商店

朝阳门内南小街59号

中法大学

垂直界面

垂直界面涉及屋面，墙体，檐口，构筑物和装饰构件，油漆彩画，传统门楼，墙帽，外立面门窗，卷帘门和防盗设施，雨棚和雨搭，台明、台阶和散水，旗杆座，室外家用设备，室外公用设施，门牌、楼牌和街巷牌，文物标识，历史文化资源说明牌，牌匾标识，广告，公益宣传品，公告栏，建筑照明等要素。应按照《北京旧城房屋修缮与保护技术导则》和《北京市旧城房屋修缮与保护技术手册》、《核心区背街小巷环境整治提升设计管理导则》执行。

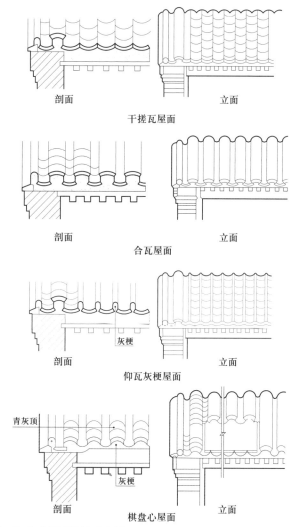

图 5-67 各式屋面做法示意图

图 5-66 合瓦屋面实例

图 5-68 干搓瓦屋面实例

图 5-69 仰瓦灰梗屋面实例

● 屋面：拆除屋面加建违建，屋面应满足消防、防水、排水等要求。坡顶应以合瓦屋面为主，也可采用棋盘心、干搓瓦、仰瓦等形式；屋脊应符合民居形制，正脊主要采用清水脊（蝎子尾）和鞍子脊，垂脊主要采用坡水排山脊和梢垄；禁止滥用琉璃瓦、筒瓦、彩钢保温板、现代机制板。若加装保温措施，则应在屋面之下建筑吊顶之上增加。如屋面的保温措施与保护传统风貌、保存历史文化信息存在冲突时，可由相关部门组织论证后采取替代措施。

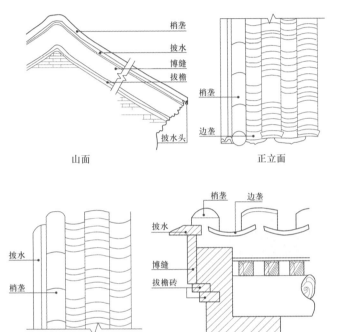

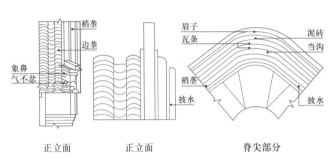

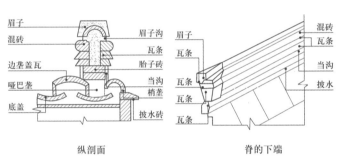

图 5-70 梢垄做法示意图

图 5-71 披水排山脊做法示意图

图 5-72 梢垄实例

图 5-73 披水排山脊实例

第五章 设计分则

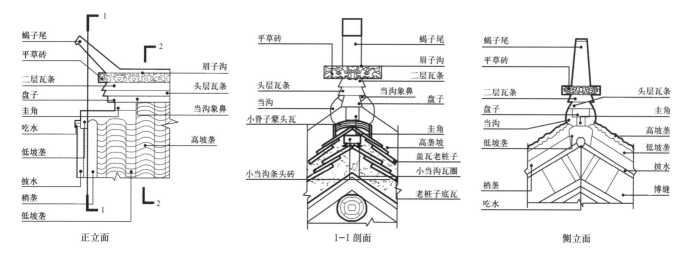

正立面

1-1 剖面

侧立面

图 5-74 合瓦清水脊蝎子尾做法示意图

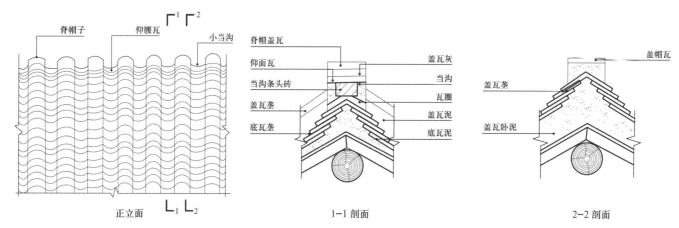

正立面

1-1 剖面

2-2 剖面

图 5-75 合瓦鞍子脊做法示意图

图 5-76 合瓦鞍子脊实例

图 5-77 合瓦清水脊蝎子尾实例

- 墙体：清除胡同违法建设，保证界面连续、风格统一、墙面平整、美观，与传统风貌相协调。沿街墙面应采用传统青砖，并按传统形式砌筑。墙面宜采用干摆、丝缝、淌白、软心等做法，不建议使用仿古面砖、整墙涂料抹灰、刷成白色、青砖墙面刷漆；材质不得使用表面抛光石材、红砖、瓷砖、马赛克砖等。对于破损严重的墙面应及时修复，修葺墙面应与原墙面协调统一，不可出现"补丁"墙面。如需安装保温材料应采用内墙保温的方式安装，对于已增加墙体外保温的历史建筑应拆除保温层，并恢复墙体原样。应拆除与传统规制及建筑风格不符的陂檐，沿街不得以垂花门样式门头等作为装饰，不宜在胡同外墙上做砖雕、花窗。

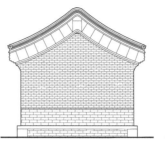 

图 5-79 干摆丝缝、软心做法

 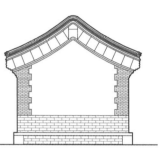

海棠池软心做法　　　　五出五进软心做法

圈三套五软心做法　　　　软心做法

图 5-80 各式软心做法示意图

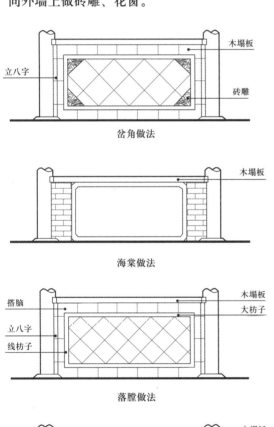

岔角做法

海棠做法

落膛做法

常见做法

图 5-78 各式槛墙做法示意图

图 5-81 墙面整洁

● 檐口：檐口做法要与建筑与墙面做法相匹配。北京传统建筑的檐口主要以砖檐为主，檐口做法有高等级、中等级和普通简易的做法，檐口做法要与建筑与墙面做法相匹配。高等级的配高等级建筑，低等级的配低等级建筑。比较讲究的还可以采用"刷烟子"、"蒴脖"。

图 5-83 三层做法实例

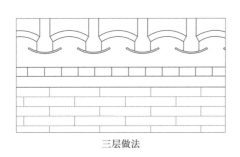

三层做法

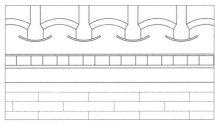

五层做法

图 5-84 五层做法实例　　　　图 5-85 七层做法实例

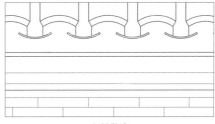

六层做法

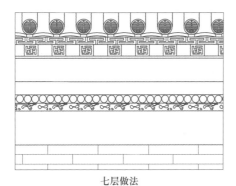

七层做法

图 5-82 后檐墙檐口做法

图 5-86 六层做法实例

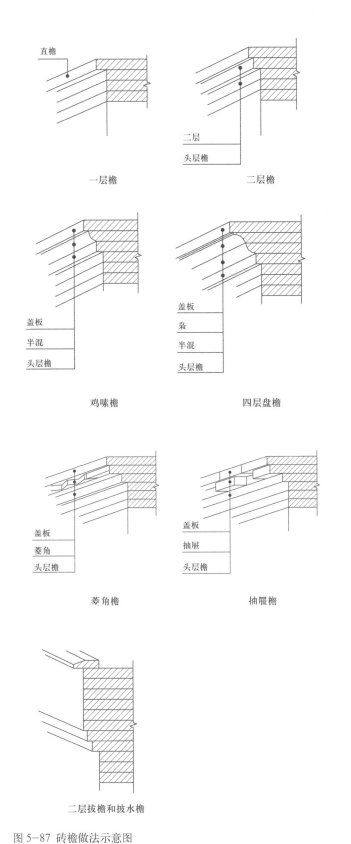

直檐

一层檐　　　　　　二层檐

二层
头层檐

盖板
半混
头层檐

盖板
枭
半混
头层檐

鸡嗉檐　　　　　　四层盘檐

盖板
菱角
头层檐

盖板
抽屉
头层檐

菱角檐　　　　　　抽屉檐

二层拔檐和披水檐

图 5-87 砖檐做法示意图

图 5-88 三层菱角檐实例

图 5-89 四层鸡嗉檐实例

图 5-90 七层抽屉檐实例

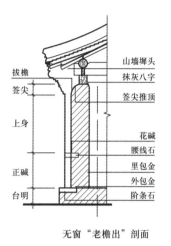

拔檐　　　　　　　　　　山墙墀头
签尖　　　　　　　　　　抹灰八字
　　　　　　　　　　　　签尖推顶
上身
　　　　　　　　　　　　花碱
　　　　　　　　　　　　腰线石
　　　　　　　　　　　　里包金
正碱　　　　　　　　　　外包金
台明　　　　　　　　　　阶条石

无窗"老檐出"剖面

山墙墀头
签尖推顶
砖窗套　　　　　　木窗

有窗"老檐出"剖面

图 5-91 "老檐出"做法示意图

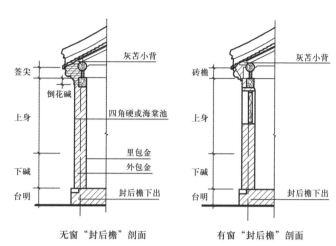

签尖　　　　　　　　　　灰苫小背
　　　　倒花碱
上身　　　　　　　　　　四角硬或海棠池
　　　　　　　　　　　　里包金
下碱　　　　　　　　　　外包金
台明　　　　　　　　　　封后檐下出

无窗"封后檐"剖面

砖檐　　　　　　　　　　灰苫小背

上身

下碱

台明　　　　　　　　　　封后檐下出

有窗"封后檐"剖面

图 5-93 "封后檐"做法示意图

图 5-92 "老檐出"做法实例

图 5-94 "封后檐"做法实例

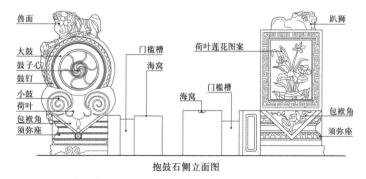

兽面　　　　　　　　　　　　　　　　　　　趴狮
大鼓　　　　　　　　　门槛槽　　荷叶莲花图案
鼓子心　　　　　　　　海窝
鼓钉
小鼓　　　　　　　　海窝　门槛槽
荷叶
包袱角　　　　　　　　　　　　　　　　　　包袱角
须弥座　　　　　　　　　　　　　　　　　　须弥座

抱鼓石侧立面图

图 5-95 抱鼓石做法示意图

方形门枕石

- 构筑物和装饰构件：应严格保护街巷胡同空间内各类具有保护价值的构筑物和建筑装饰构件。其中构筑物主要包括：牌坊、影壁、石狮、围墙等。建筑装饰构件主要包括：抱鼓石、上马石、拴马桩、石敢当（泰山石）、砖雕、木雕等。具有保护价值的构筑物和建筑装饰构件应按照文物保护的做法进行保护和修缮。新建需按传统规制建设，不得胡乱搭配。历史文化街区内不得出现非北京地方风格或主观臆造的构筑物及装饰构件等。
- 油漆彩画：门窗上油漆颜色应符合传统颜色要求，沿胡同原则上不得使用彩画。

图 5-96 各式抱鼓石实例

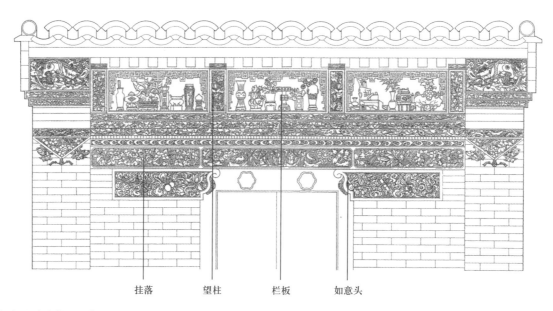

挂落　　望柱　　栏板　　如意头

图 5-97 如意门门头砖雕做法示意图

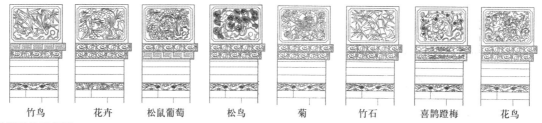

竹鸟　　花卉　　松鼠葡萄　　松鸟　　菊　　竹石　　喜鹊蹬梅　　花鸟

图 5-98 墀头砖雕做法示意图

图 5-99 各式墀头砖雕实例

- 传统门楼：传统门楼应按照传统规制建设，一般有广亮大门、金柱门、蛮子门、如意门、墙垣门、西洋门等形式。传统门楼应按照传统做法进行修缮和建设。不得出现与传统样式不符或主观臆造的做法。

- 外立面门窗：临街建筑门窗样式、材质、尺寸大小应与建筑风貌协调，颜色宜用黑色、棕色、木本色或黑红净搭配，铺面建筑稍丰富一些，有绿色、青色等，忌大面积用红色，尤其是用朱红色。原则上不得在山墙开门开窗，不得在后檐墙或倒座墙开大面积外窗。开门不符合传统规制又确需开门，应与建筑立面相协调。在符合风貌保护的前提下，可采用简洁、低调的现代样式门窗，不得采用色彩明亮、反光性强或样式风格与周边环境风貌冲突的门窗。

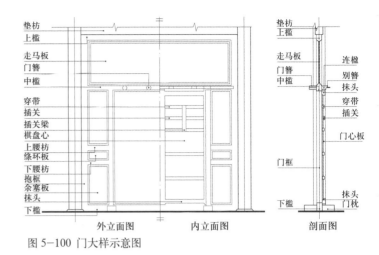

图 5-100 门大样示意图

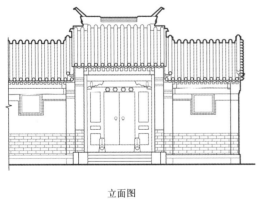

立面图

图 5-101 广亮大门做法示意图

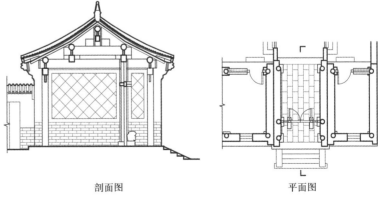

剖面图 　　　平面图

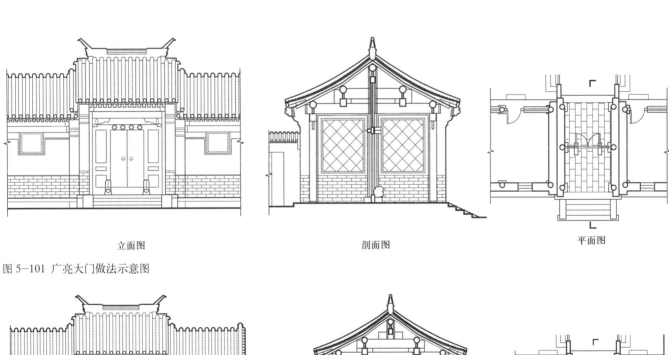

立面图 　　　剖面图 　　　平面图

图 5-102 金柱大门做法示意图

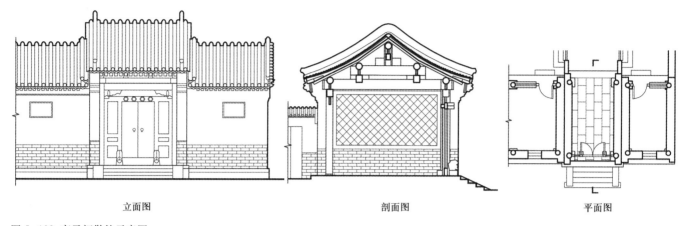

立面图　　　　　　　　　　　　　剖面图　　　　　　　　　　　　平面图

图 5-103　蛮子门做法示意图

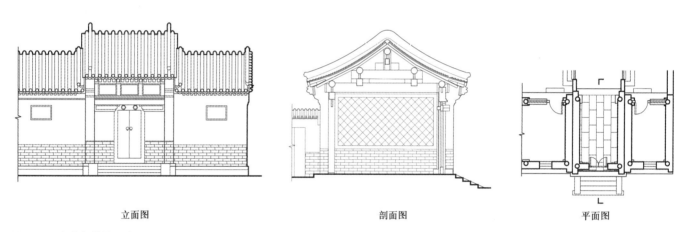

立面图　　　　　　　　　　　　　剖面图　　　　　　　　　　　　平面图

图 5-104　如意门做法示意图

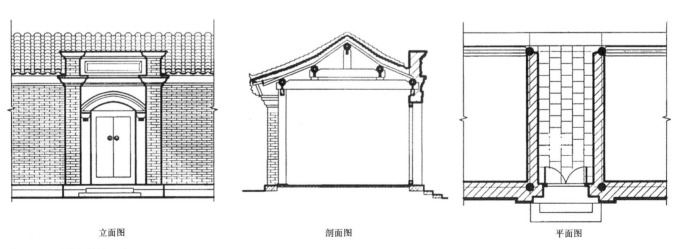

立面图　　　　　　　　　　　　剖面图　　　　　　　　　　　　平面图

图 5-105　西洋门做法示意图

图 5-106 广亮大门做法实例

图 5-107 金柱大门做法实例

图 5-108 蛮子门做法实例

图 5-109 如意门做法实例

图 5-110 西洋门做法实例

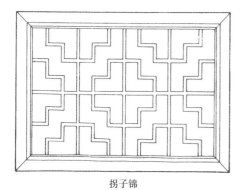 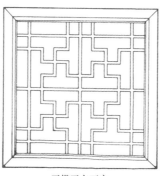 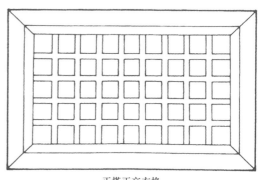

拐子锦　　　　　　　　　　　正搭正交万字　　　　　　　　　　正搭正交方格

图 5-111　各式窗棂样式示意图

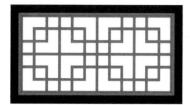 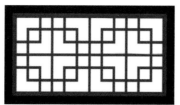 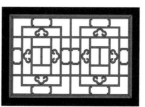 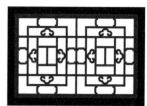

套方 黑边抹绿仔边棂条　　　套方 黑边抹棕仔边棂条　　套方灯笼锦 黑边抹绿仔边棂条　　套方灯笼锦 黑边抹棕仔边棂条

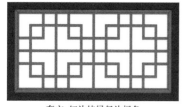 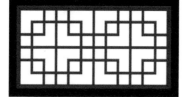 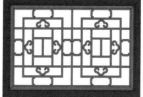 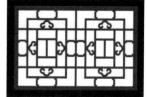

套方 红边抹绿仔边棂条　　　套方 黑边抹红仔边棂条　　套方灯笼锦 红边抹绿仔边棂条　　套方灯笼锦 黑边抹红仔边棂条

图 5-112　窗棂色彩示意图

图 5-113　窗户实例　　　　　　　　　　　　　　图 5-114　套方实例

依照传统，官宅门（即广亮大门、金柱大门）可以是红色，但必须用铁红，不能用朱红。民宅门分两种情况：蛮子门因两边有余塞板，可用黑红净（余塞板、走马板用红门框、门扇用黑，红楹联）。如意门、小门楼用黑门，红对联，黑字。黑红净或黑门做法时，可用红框线。民宅门还可有一部分用棕色。官宅门一般不加对联。讲究的官宅门可加金框线。

- 卷帘门和防盗设施：传统风貌建筑若必须安装卷帘门或防盗门，应安装于门洞内侧，且应采用与周围墙面相协调的色彩、材质进行隐蔽处理，样式应简洁、低调。传统风貌建筑的一层如需安装防盗窗，应设置于内侧或窗洞以内。防盗窗应采用传统纹样或隐形样式，色彩、材质应与周围墙面相协调，不得使用反光材料。

- 雨棚和雨搭：门窗上一般不设置雨棚雨搭，如需设置雨棚、雨搭时，应尽量统一雨棚、雨搭的设置位置，规范其与窗、门的相对位置关系。并且雨棚、雨搭的样式应简洁、轻巧，色彩及材质应与背景墙体相协调，不得使用反光材料、彩色玻璃等与周边环境风貌不符的材质，且不建议采用披檐形式，避免过于厚重、突出。

- 墙帽：传统墙帽做法很丰富，除了瓦顶做法外，还有宝盒顶、道僧帽、兀脊顶、鹰不落顶等。

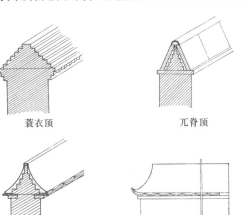

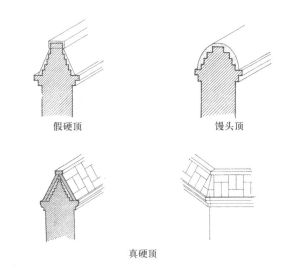

兀脊顶　　　假硬顶　　　馒头顶

蓑衣顶　　　兀脊顶

鹰不落顶　　　真硬顶

图 5-115 各式墙帽做法示意图

图 5-116 步步锦实例

图 5-117 套方灯笼锦实例

- 台明、台阶和散水：台明、台阶样式应与传统风貌相协调，宜采用青石，不得采用大理石、水泥抹面、瓷砖贴面等形式。台阶设置不占用胡同空间。尽量保留现存石制台阶踏步，以修补为主。散水应按照传统方式修缮。

- 旗杆座：应统一旗杆座安装位置及高度，旗杆座下底应距地面高度不影响通行。旗杆座外观样式简洁、稳重，不得采用塑料或反光材质。

- 室外家用设备：空调机不宜直接裸露，可结合实际状况依次选择外观喷涂、景观遮挡、外罩遮蔽方式之一进行消隐处理。需设置遮挡装置，遮挡装置的色彩、材料应与街区风貌相协调。应设置在檐口下方，严禁架设在坡屋面上，高度应统一，设备支架不得占用道路。空调冷凝管不得随意搭设。其他家用设备如太阳能热水器、天线、固定晾衣架、信报箱等家用设施不得设置于建筑外立面及坡屋顶等街巷胡同可视范围内，避免对环境景观造成破坏。

- 室外公用设施：电表和电箱等室外公用设备优先挪移至建筑室内或院落内隐蔽处理。若条件不允许，则应尽量统一，集中设置于隐蔽处，且不得影响行人通行。外观消隐处理应与周边环境相协调。雨水管应结合建筑立面设计，尽量进行墙内暗埋。明设管线，

图 5-118 各式散水示意图

图 5-119 空调罩做法示意

图 5-121 僵磕台阶实例

图 5-120 空调罩实例

图 5-122 垂带台阶实例

应尽量统筹安排，颜色、形式、走线的位置尽量与建筑的立面相协调。

- 门牌、楼牌和街巷牌：应统一设置位置，有序放置。应符合《门牌、楼牌设置规范》DB11T 856—2012标准，严禁遮挡、损坏、无序摆放。

- 文物标识：文物标牌应符合《文物保护单位标志》GB/T 22527—2008 的要求。

- 历史文化资源说明牌：应统一设计，易于识读，并根据不同位置和功能确定其样式、规格、色彩、材质，做到外观简洁、雅致且能够体现胡同特色，可与步行者导向牌结合设置，同时与智慧城市技术相结合。

- 公益宣传品：胡同内的公益宣传品包括：条幅、道旗、公告牌等。中南海及周边地区禁止设置标语和宣传品。街巷胡同内各类公益宣传品的样式、规格、色彩、材料等应与周边环境风貌相协调。

- 公告栏：公告栏优先采用靠墙设置，胡同小于 3.5 米不宜设置。公告栏的形式、色彩、材料应与周边环境风貌相协调，不得采用过于鲜艳的色彩及反光性强的材料。可选用液晶显示屏，但夜间应关闭或调低亮度，防止影响周边居民休息。禁止使用跑马屏，禁止发布商业广告。

- 牌匾标识：应符合《北京市市容环境卫生条例》和《北京市牌匾标识设置管理规范》（京管发[2017]140 号）的相关规定，匾标识的形式、色彩、灯光效果等应

与建筑风格和胡同风貌相协调。原则上不设置落地式牌匾标识，附着式可分为横式和立式，横式牌匾设置于建筑正门上方檐口下方、在门楣上方女儿墙下方（平顶），与正门中轴对称。牌匾标识不应遮挡檐口、窗户和门楣。严格执行"一店一招"标准。

- 广告：传统风貌区原则上不设置广告。如设置应符合《北京市户外广告设置规范》DB11T 500—2016 要求。禁止使用动态、投影等电子标识。

- 建筑照明：街巷胡同内不得连续大面积采用户外广告屏、霓虹灯、投影灯等影响周边环境和居民正常生活的照明方式，不得出现尺度过大、亮度过高、色彩过于鲜艳的建筑照明。

图 5-124 历史文化资源说明牌

图 5-123 外墙电线槽做法实例

图 5-125 传统标示实例

导则使用案例：大栅栏街道石头社区石头胡同西侧

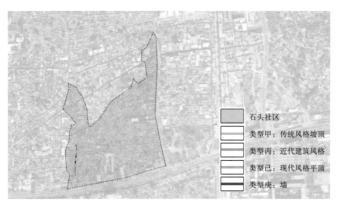

石头社区

类型甲：传统风格坡顶

类型丙：近代建筑风格

类型己：现代风格平顶

类型庚：墙

为更好地使用本导则进行规划指引，我们通过大栅栏街道石头社区石头胡同一个实际使用案例来验证说明，将沿胡同空间的建筑对照现状建筑类型进行分类，经过整体性研究和分析，依据总则和分则，提出建筑指引类型，进行提升。

图 5-126 大栅栏街道石头社区沿石头胡同西侧现状建筑类型索引示意图

图 5-127 石头胡同实景

第五章 设计分则

经分析，石头胡同西侧现状建筑类型共有 4 种，分别是现状建筑类型甲、丙、己、庚，依据总则和分则，我们将现状建筑类型比对设计导则提出建筑指引类型 3 种，分别为建筑指引类型甲、丙、戊，同时对水平界面和垂直界面各要素进行提升指引，验证了导则使用的可行性和实用性。

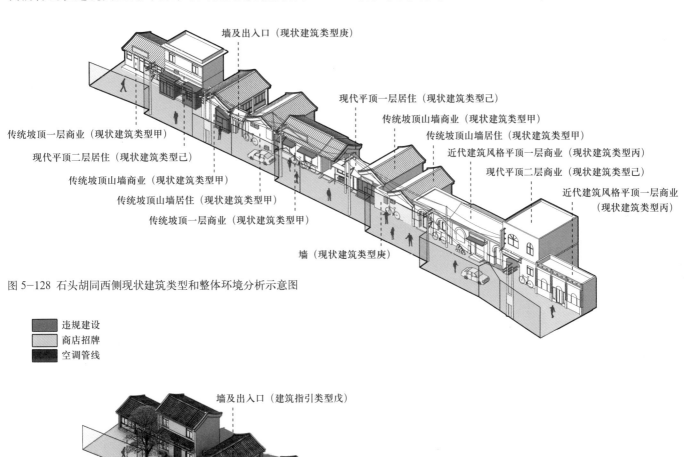

墙及出入口（现状建筑类型庚）

现代平顶一层居住（现状建筑类型己）
传统坡顶山墙商业（现状建筑类型甲）
传统坡顶山墙居住（现状建筑类型甲）
近代建筑风格平顶一层商业（现状建筑类型丙）
现代平顶二层商业（现状建筑类型己）
近代建筑风格平顶一层商业
（现状建筑类型丙）

传统坡顶一层商业（现状建筑类型甲）
现代平顶二层居住（现状建筑类型己）
传统坡顶山墙商业（现状建筑类型甲）
传统坡顶山墙居住（现状建筑类型甲）
传统坡顶一层商业（现状建筑类型甲）

墙（现状建筑类型庚）

图 5-128 石头胡同西侧现状建筑类型和整体环境分析示意图

■ 违规建设
□ 商店招牌
■ 空调管线

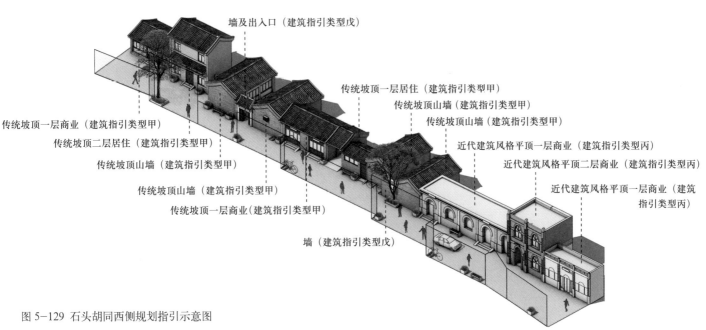

墙及出入口（建筑指引类型戊）

传统坡顶一层居住（建筑指引类型甲）
传统坡顶山墙（建筑指引类型甲）
传统坡顶山墙（建筑指引类型甲）

传统坡顶一层商业（建筑指引类型甲）
传统坡顶二层居住（建筑指引类型甲）
传统坡顶山墙（建筑指引类型甲）
传统坡顶山墙（建筑指引类型甲）
传统坡顶一层商业（建筑指引类型甲）

近代建筑风格平顶一层商业（建筑指引类型丙）
近代建筑风格平顶二层商业（建筑指引类型丙）
近代建筑风格平顶一层商业（建筑指引类型丙）

墙（建筑指引类型戊）

图 5-129 石头胡同西侧规划指引示意图

佟麟阁路（孟嘉慧 摄）

第三部分
诊断与整理
Part 3
Diagnosis and Renovation

第六章 问题导向 Chapter 6 Problem Diagnosis

1. 工作任务 Working Task

以街区为单元，以问题为导向，统筹好街区内建设项目、统筹好问题治理与景观恢复和建设提升的顺序、统筹好治理建设与精细化管理的衔接，对街区实施全面综合性的治理建设，绘制优化功能、空间、服务，调整业态、修复生态，治理环境，打造特色风貌、培育街区精神、弘扬街区文化的"蓝图"。

一是优化功能配置。增强首都核心功能，疏解非首都功能，突出主导功能优势，补齐服务功能短板，使街区功能与发展目标更加协调适应。

二是调整提升业态。推进业态转型升级，使业态与核心区发展要求、与街区功能定位相协调。疏解非首都功能业态，发展文化休闲类、生活服务类等宜居业态，形成便民商业服务网点体系。

三是优化整理空间。科学合理、精细规范利用好空间，包括地面、建筑、外立面及空中视廊，与街区功能、风貌特色协调，体现以人为本、和谐宜居。强化民生理念，实现"一步一景一情趣"的宜居效果。

四是塑造特色风貌。因循街区历史文化特色和主导功能定位，按照设计规范，合理配置，塑造有特色、有活力、有文化魅力的街区风貌。再现胡同、四合院、故居、会馆、遗址等传统文化和特色风貌。

五是整治维护秩序。系统整治开墙打洞、违法经营、违法建设、违法停车、广告牌匾、环境脏乱等现象，落实分类分级管理标准并有效维护。大力推进街巷胡同"十有、十无、一创建"整治提升；综合施治，整体提升，实现常态化、长效化、精细化管理。

六是培育街区文化。通过"门前三包"、居民公约等方式，有效动员引导社会参与，激发社会责任与公共意识，推动共治共建共享。深入推进商户自律、志愿服务等街区自治共管，持续打造建设"记忆西城、书香西城、艺术西城、时尚西城"，形成浓厚的街区文化氛围。

2. 划分街区 Unit Division

各街道办事处应结合街道整体规划，根据不同类型街区的功能定位、业态集聚、传统风貌等特点，参考《北京市西城区城市环境分类分级管理标准体系》，精细划分街区，可以社区为基本单元，将街道辖区划分为若干街区，并覆盖街道全部辖区。1个社区可以被划定1个街区，多个社区也可以组合成1个街区；也可以主次干道、背街小巷、特色街区为界限；整体街区跨街道辖区的需要统筹协调。对初步形成的街区划定进行研究和论证后，报区政府审议，形成最终街区划定。

图 6-1 现状问题——乱停乱放

图 6-2 现状问题——广告牌匾

3. 诊断问题 Problem Diagnosis

各街道办事处以问题和需求为导向，突显重点问题，如停车、违法建设等，结合历史、现状、发展的视角做好街区诊断，查找分析问题产生的原因、程度，理清重点、难点问题及相互关系，确保对症下药，精准"靶向治疗"。

4. 形成措施 Measure Adoption

各街道办事处应对照街区整理内容，逐项摸排、梳理问题，建立街区整理项目库，形成科学系统的解决路径，经区政府审定，通过后组织实施，区分轻重缓急、重点先行、以点带面、形成示范。

相关政策指标 1：《北京市居住公共服务设施配置指标》（京政发 [2015]7 号）

2002 年，市政府印发实施了《北京市新建改建居住区公共服务设施配套建设指标》；2006 年，经市政府同意，市规划委印发实施了《北京市居住公共服务设施规划设计指标》。随着城乡经济社会快速发展和居民物质文化水平的提高，居民对居住公共服务设施提出了新的需求，原有指标已无法适应新形势。2015 年，为适应新的现实需要，市政府印发实施了《北京市居住公共服务设施配置指标》（京政发 [2015]7 号），简称"7 号文"，对居住区公共服务设施配置标准做出了新的规定。为了加强规划管理与社会管理的有效衔接，该指标以社区、街道为对接平台，设立了"建设项目 + 社区 + 街区"三级配套设施指标体系，即建设项目级（层级 A）配套设施，社区级（层级 B）配套设施和街区级（层级 C）配套设施、三个层级互不包含，52 项内容共同构成完整的配套设施体系，保障了"一刻钟社区服务圈"配套设施的全覆盖。其中建设项目级（层级 A）指规模小于 1000 户的住宅类项目。社区级（层级 B）指聚居在一定地域范围内的人们所组成的社会生活共同体。社区居住人口规划规模一般为 1000—3000 户。街区级（层级 C）街区指中心城及新城规划中依据城市主次干道等界限，将城市集中建设区划分的若干区域，每个街区规模约 2—3 平方公里。

52 项配套设施主要分为社区综合管理服务类（包括物业服务用房、室外运动场地、社区管理服务用房、托老所、老年活动场站、社区助残服务中心、社区服务中心、街道办事处、派出所、室内体育设施、社区文化设施、机构养老设施、残疾人托养所）、交通类（包括出租汽车站、存自行车处、居民汽车场库、公交首末站）、市政公用类 [包括燃气调压柜（箱）、 热力站、室内覆盖系统机房、固定通信设备间、有线电视光电转换间、配电室（箱）、生活垃圾分类收集点、下凹式绿地、透水铺装、雨水调蓄设施、污水处置及再生利用装置、锅炉房、固定通信机房、宏蜂窝基站机房（室外一体化基站）、有线电视机房、公共厕所、邮政所、邮政支局、固定通信汇聚机房、移动通信汇接机房、有线电视基站、开闭所、密闭式垃圾分类收集站]、教育类（包括幼儿园、小学、初中、高中）、医疗卫生类（包括社区卫生服务站、社区卫生服务中心、社区卫生监督所）、商业服务类 [包括小型商服（便利店）、再生资源回收点、再生资源回收站、菜市场、其他商业服务]。

"7 号文"要求规划设计单位在居住区的规划设计过程中要开展公众参与，各级政府和相关行政主管部门在配套设施日常管理的各个环节中，要深入街道、社区广泛听取居民意见、从居民最关心的问题入手。深入研究和把握基本需求和特殊需求，切实为保障民生、提升居民生活品质做好服务。

第七章　精准设计　Chapter 7　Precise Design

1. 构建体系 System Making

随着西城区城市设计实践探索的不断深入，全区初步形成了四个层次的城市设计体系。一是在全区层面以本导则为统领；二是以一个街道办事处为范围，比如广内街道，对历史沿革、人口特征、业态分布、百姓需求进行诊断分析，将行动计划落实到一张蓝图上，为街巷长和社区居民提供实施的"微更新菜单"，实现百姓家门口环境的精准改善；三是以重点片区为范围，比如西什库片区，统筹交通、公共服务、空间界面的改善及优化，加强智能技术的应用，结合文化遗产小道的设置，展现社区文化，整体提升街区空间环境品质；四是以一条重点街道或胡同为主，比如鼓楼西大街和阜成门内大街。鼓楼西大街从"空间形态、环境生态、经济业态、文化活态"4个层面入手，在 11 个方面着力提升。阜成门大街采用"公共空间加减法"和"市政带"的设计策略，拆除违法建设和整合公用设施，"合杆并杆"，创新设置人行和自行车骑行空间，精致设计城市家具。一些优秀的城市设计方案，得到了市、区领导、民众和社会各界的广泛好评，有力指导和促进了街区整理工作的开展。

2. 一街一策 One Block One Policy

各街道办事处应选择熟悉西城区区情、设计水平高的设计单位，依据本导则，针对每条街道胡同的特点，形成因地制宜的街区整理城市设计方案，"一街一策"，设计方案要达到可实施的深度。重要城市设计方案应提交城市品质提升艺术审查委员会审查，纳入街区整理城市设计方案库。

目前，全区全面推进城市设计工作。区领导亲自下基层到街巷胡同进行调研和指导。依托区名城委，成立城市品质提升艺术审查委员会。重点街道建立了公开的展示中心，向民众展示城市设计方案，征求民意，凝聚共识。2017 年中，为深入观察发现街区胡同的真实问题，策划组织了"西城 24 小时城市观察计划"，在 300 余位报名者中遴选出 39 位志愿者，24 小时生活在街区胡同，完成了 39 份带有体温的观察报告。举办面向全国的"我的西城宜居创想——北京市西城区街区胡同公共空间创意设计方案征集"，285 个团队共计 543 人报名参赛，历时 3 个月时间，获得 17 万网络投票，方案决赛大会上选手们表达的创想，深入到城市管理和治理的深层，探讨城市现实问题的未来可能性，是一次全新的设计思维方式的重塑。

图 7-1 西城区城市品质提升艺术审查委员会成立

图 7-2 广安门内街道办征求意见会

图 7-3 群众参观鼓楼西大街展示中心

图 7-4 人大代表视察白塔寺再生计划展示中心

图 7-5 西城区街区胡同公共空间创意设计方案征集大赛颁奖

图 7-6 《北京日报》报道鼓楼西大街改造

图 7-7 《北京日报》报道阜成门内大街改造

图 7-8 《北京日报》报道胡同公共空间创意设计方案征集大赛

案例 7-1：大栅栏历史文化街区保护、整治、复兴规划（2004 年）

大栅栏历史文化街区煤市街以东地区规划研究范围东至前门大街与崇文区交界；北至前门西大街与西城区接壤；西至煤市街以西 50 米，南至珠市口西大街与天桥街相毗邻。用地面积约 31.8 公顷。

以市政府批复的《北京大栅栏地区保护、整治与发展规划（综合方案）》（2003 年 4 月）为依据。规划延续了保护区保护规划对大栅栏地区的总体定位。在深入现状调研的基础上重新评价院落、建筑的风貌质量状况，制定新的院落、建筑保护更新措施，调整用地结构，明确人口疏散方式，梳理道路交通体系，规划市政基础设施，并结合城市设计思想，制定分地块控制导则。总体功能

定位为文化旅游商业区，以科学保护、有机更新、激发活力、提高品质为基本规划理念，坚持历史文化保护的要素量化、用地功能的弹性区划、风貌控制的分级分类、市政交通的技术保障、实施规划的循序渐进等规划原则。

城市设计部分主要包括功能定位、用地划分、人口疏散、保护更新、平面设计示意、绿化及公共空间、容积率控制、建筑高度控制、建筑密度控制、道路交通规划、地下空间利用、商业复兴规划、旅游规划、市政规划、街景及街点设计、实施政策建议等内容。

设计单位：清华大学建筑与设计研究所，清华大学建筑学院。

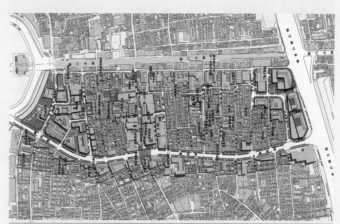

案例 7-2：什刹海历史文化街区保护、整治、复兴规划设计研究（2012 年）

什刹海历史文化街区规划设计地段总占地面积约 17.7 公顷，东起地安门外大街北侧；南自地安门西大街向西至龙头井向西北接柳荫街、羊房胡同、新街口东街到新街口北大街，西自新街口北大街向北到新街口豁口；北自新街口豁口向东到德胜门，由德胜门沿鼓楼西大街到钟楼、鼓楼。

该规划目标为"保护特有遗产，梳理城市格局，促进地区协调发展"。规划策略：形成什刹海区域北中轴线核心保护区，什刹海地区旧城保护示范项目区；产业与居住社区相互协调发展，互相带动，保证居民生活水平；优美的景观，宽阔的公共空间和深厚的历史积淀，

为当地提供优越的旅游产业基础和良好的生活环境；基础设施包括道路交通、市政设施、城市安全、服务设施、环境景观，是当地居民生活的保障、发展的基础。

概念方案主要分为总体规划和城市设计。总体规划包括规划结构、功能分区、交通系统、绿化景观、建筑控告、社区服务等内容。城市设计包括方案概括、中轴路整体规划改造、什刹海地铁站交通织补、鼓楼西地块概念设计、地百联大地块概念设计、清真寺张之洞故居地块概念设计等内容。

设计单位：北京市建筑设计研究院有限公司，吴晨工作室。

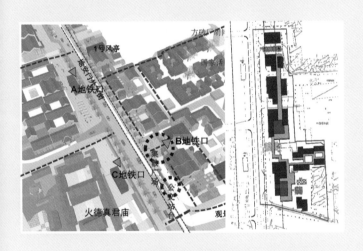

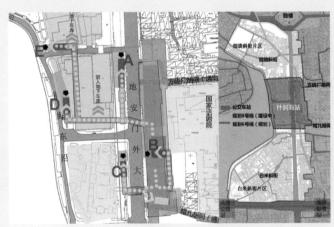

案例 7-3：法源寺历史文化街区保护规划研究（2014 年）

法源寺历史文化街区东至菜市口大街、西至教子胡同、北至法源寺后街、南至南横西街，规划总占地面积 20.4 公顷。

在对历史文化街区内建筑状况调研分析的基础上，增加对院落的调研分析，包括了地区内院落和建筑单体两个部分，如院落的居住人口、房屋产权、院落类型和空间特征，建筑的历史价值、建筑质量、传统建筑要素等内容，总结提炼地区内建筑和院落典型特征，应用至保护整治工作之中。

提出院落和单体建筑两个层面相结合的保护整治策略。针对文保单位院落、挂牌院落、普查有价值院落，

保持现有院落格局及容积率，院内建筑的维护皆应延续其传统建筑做法。一般院落中，维护格局良好的院落、调整格局较差的院落，院落更新应采用地区内典型院落格局，修缮有历史价值且格局好的建筑，无历史价值且格局好的建筑可原位整体更新，无历史价值且格局差的建筑可易位整体更新，无历史价值的建筑采用传统建筑外观，内在结构形式不限。在实施机制上，尊重现有产权，不突破地区产权面积总量，在更新过程中可通过产权院落之间的容积率转移，实现空间形态调整和风貌改善。

设计单位：清华大学建筑学院，北京市古代建筑设计研究所有限公司。

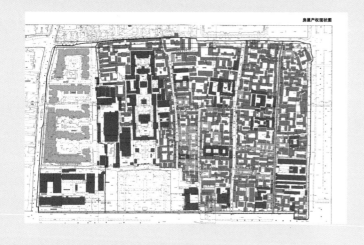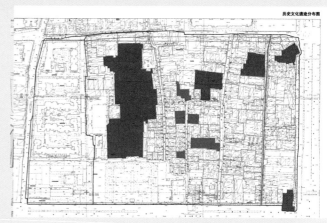

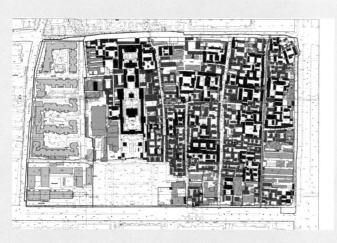

案例7-4：白塔寺历史文化街区规划实施研究（2017年）

白塔寺历史文化街区规划研究范围约40公顷，南至阜成门内大街、西至西二环、北至受壁街规划路、东至赵登禹路，涉及新街口街道范围内的宫门口、安平巷、北顺、富国里四个社区。

工作重点包括：明确街区保护及发展空间，以既往工作为基础，明确街区内的保护要素，同时结合功能疏解、道路实施、院落腾退等因素，界定近期可优先利用的空间；提出历史街区的改善目标，与实施主体共同明确街区定位和近远期改善目标，作为开展规划设计的前提条件；制定有机更新原则下的改善方案，在尊重现有院落格局、胡同肌理、街区功能的基础上制定微循环的交通、市政设施改善方案和循序渐进的街区功能更新路径；帮助实施主体工作梳理实施路径，指导项目落地。

结合街区内在特征与外围需求，提出白塔寺地区的规划目标：延续传统居住功能，是传统风貌和现代生活和谐并存的宜居社区；呼应周边城市需求，是与周边居民、就业人口共享的生活服务区；植根本地文化、融合创意文化，是历史底蕴与创意活力共生的城市文化体验区。主要内容包括保护要求、空间界定、规模界定、用地规划、交通规划、市政工程规划、民生改善策略、实施跟踪与推进等。

设计单位：北京市城市规划设计研究院。

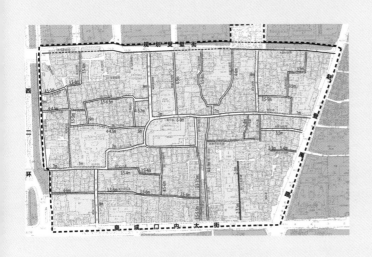

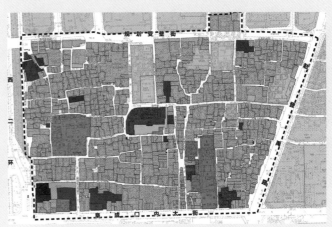

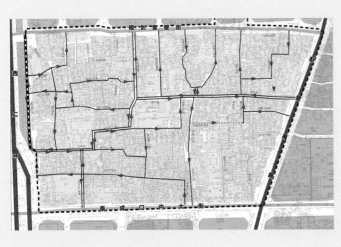

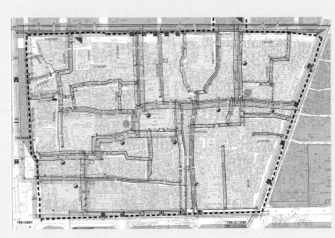

案例 7-5：广安门内街道街区整理计划城市设计（2017 年）

广内街道街区整理计划，是北京市西城区街区整理城市设计导则中街道层面的延展落实，也是中国首个以街道为单位编制的街区整理计划城市设计，是对构建超大城市现代化治理体系的基层探索。在街道街区整理计划中，首先将街道划分为平均 0.5 平方公里的 5 个不同功能街区，通过对街区的历史发展、人口特征、百姓需求、业态分布等的诊断整理，制定街区控制导则，包括开放空间系统、色彩和照明、公共艺术和标识、建筑风貌等

控制导则。然后将"疏解整治促提升"各项行动图表对应，落实到一张蓝图上。这样得出整治中待更新的内容，即微更新点和规模更新区的项目库。根据街巷特征和居民需求，制定手册化的微更新菜单（包括墙面、地面、设施、业态等），街巷长和社区居民可根据自身需求，选择菜单中的更新手法，在符合街区控制导则的要求下，实现惠及民生的精准提升。

设计单位：城市复兴（北京）商业发展有限责任公司。

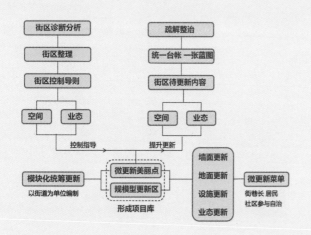

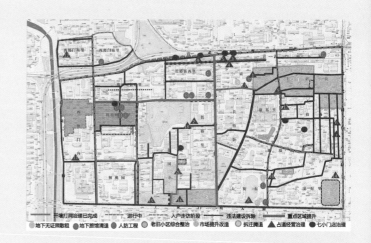

改造前

改造效果图

案例 7-6：西什库片区城市设计（2017 年）

西什库片区位于北京市西城区，北至地安门西大街，南至文津街，西至西四北大街，东至北海公园。城市设计结合基地历史条件、现状分析，提出将西什库片区打造为首都核心区具有世界级品质的舒适宜居示范街区，倡导步行、骑行、公交的舒适便捷街区；在有限空间内将公共空间效益最大化的街区；文化特色鲜明、气质精致典雅的首都文化街区以及当地居民、外来游客均可享受高品质生活空间的街区。通过城市设计，对整个街区

街道的交通、公共服务、空间界面进行改善及优化，结合市级文化小道，打造街区内的社区文化小道，展示街区文化精髓，凝聚发扬街区精神，在街区中引入智能技术，提高设施利用率，提升街区服务水平。以西什库大街、大红罗厂街以及西黄城根北街为主着力整治，带动整个西什库片区公共空间品质提升。

设计单位：北京建筑大学，北京建工建筑设计研究院丁奇工作室，北京瑞璟建筑设计咨询有限公司。

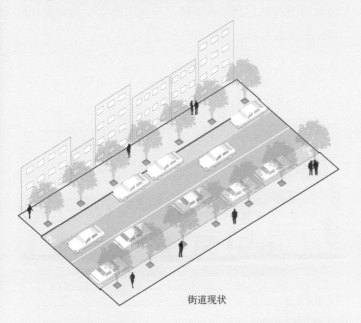
街道现状

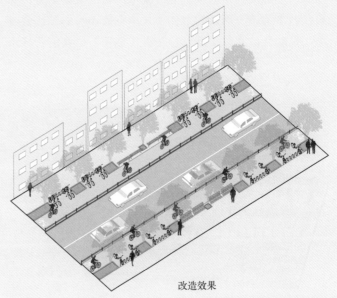
改造效果

第七章 精准设计

案例 7-7：鼓楼西大街街区整理与复兴城市设计（2017 年）

鼓楼西大街位于北京市西城区什刹海北岸，是元大都留下的唯一一条人为规划的斜街，有斜街市之称，至今已 750 年，全长约 1.7 公里。进入城市科学规划建设管理的新时期以来，城市建设工作任务逐步向有机更新转变，城市修补、生态修复成为重要的工作方向。本次街区整理与复兴计划，综合考虑地区作为什刹海地区北门户的重要位置，街道以高品质风貌休闲区为规划定位，突破传统街道环境整治思路，关注外部秩序也关注内部功能，在解决问题的基础上形成地区新的发展动力，探索在城市治理方面新的合作模式，有效动员引导社会参与，推动共治共享，激发社会责任意识，构建创新城市治理思路。从"空间形态、环境生态、经济业态、文化活态"四个层面入手，力求在三年内完成街区总体提升，促进地区的复兴。工作主要内容包括：(1) 明确总体功能定位；(2) 公共空间提升；(3) 街道界面整治；(4) 停车问题治理；(5) 景观环境提升；(6) 街道设施完善；(7) 管控导则编制；(8) 业态功能提升；(9) 历史资源梳理；(10) 文化氛围塑造；(11) 街区精神培育。

设计单位：北京市建筑设计研究院有限公司，中汇国际城市规划与建筑设计院，吴晨工作室，北京市城市设计与城市复兴工程技术研究中心。

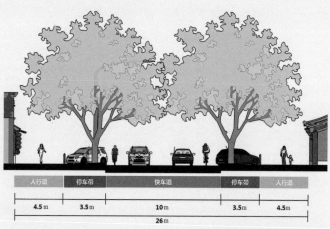

人行道	停车带	快车道	停车带	人行道
4.5 m	3.5 m	10 m	3.5 m	4.5 m

26 m

案例7-8：阜成门内大街整治城市设计（2017年）

阜成门内大街整治采用"公共空间加减法"和"市政带"的设计策略，重塑老舍先生笔下的"北京最美大街"。作为北京最古老的大街之一和当前北京老城内最重要的街道之一，阜成门内大街当前面临交通混乱、设施凌乱、尺度失衡、绿色不足、缺乏休闲活动场所等一系列问题。整治中，以"公共空间加减法"的策略拆除沿街违法违规和不符合老城风貌的建设内容，拔除废弃不用的老旧基础设施。以"市政带"的策略将非机动车骑行功能并入市政带统筹考虑，与机动车道之间设置物理隔离，并根据街道宽窄情况，灵活调整市政带各组成部分所占的比例和竖向关系，确保行人和非机动车安全、顺畅地通行。对街道现有照明、监控、指示、电车供电等功能精简整合，减少杆体数量。见缝增绿，利用好一切有条件种植的区域，尽可能地提高绿化覆盖率。与相关专家和居民充分沟通，营造出若干符合规制、使用方便、绿意盎然、居民满意的休闲文化节点。最终达到重塑一条连续的、安全的、符合街道尺度的、充满人文气息的生活老街的目的。

设计单位：中国建筑设计院有限公司。

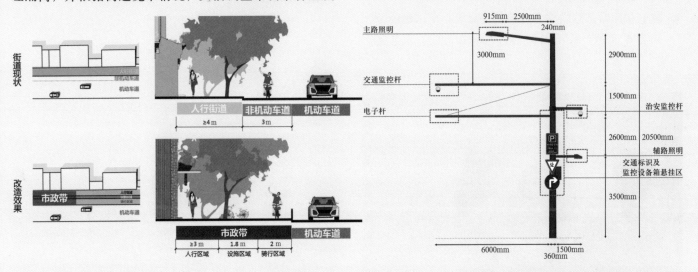

第七章 精准设计

第八章　街区整理　Chapter 8　Block Renovation

1. 民意立项 Public Opinion Acceptance

- 按照《关于全面推行民生工作民意立项工作的意见》有关要求，街区整理要从居民需求出发，注重因势利导，拓展公众参与渠道，搭建公众参与平台，推进社区多元共治，提升居民的归属感与认同感。
- 根据居民参与的不同程度，将街区整理工作分为民意征求、民需申报、民情推动三大类型，按照相应程序开展民意立项工作。
- 建立和探索工作联席会、参与式财政、全过程公开、监督评议等一系列保障机制，确保民意的有效落实。

2. 有序实施 Orderly Implementation

- 根据居民需求紧迫度、实施难易度、实施主体积极性等因素合理安排年度实施整理计划，分步实施。
- 聚焦重点地区，打造样板，发挥示范引领作用。
- 细化任务，落实责任；营造广泛参与、共建共享的良好氛围，通过新媒体宣传等多种方式，加大宣传力度；强化督促检查，成立督导组，定期进行督导检查，联合验收。

图 8-1 新街口街道居民投票选物业公司

图 8-2 新街口街道民意立项会现场

图 8-3 调研问卷

3. 长效机制 Longterm Mechanism

　　加强事中、事后的评估和反馈，建立街区整理的多元评估体系，并建立职能部门、居民代表等多元化主体参与的验收评估体系，有条件的可以引入第三方评估；全面梳理、及时改进、总结经验、探索形成长效的工作模式和机制。

　　背街小巷整治提升的工作目标："十有十无一创建"。

　　"十有"：有政府代表（街长、巷长）、有自治共建理事会、有物业管理单位、有社区志愿服务团队、有街区治理导则和实施方案、有居民公约、有责任公示牌、有配套设施、有绿植景观、有文化内涵。

　　"十无"：无乱停车、无违章建筑、无"开墙打洞"、无违规出租、无违规经营、无凌乱架空线、无堆物堆料、无道路破损、无乱贴乱挂、无非法小广告。

　　"一创建"：也称"五好"，公共环境好、社会秩序好、道德风尚好、同创共建好、宣传氛围好。

案例 8-1：大栅栏街道三井社区"胡同客厅"项目

　　2017年，大栅栏笤帚胡同，一个名为"胡同客厅"的休闲廊亭马上要启动建设。地儿就选在胡同东口南侧，名字叫得响亮，面积却小得不可思议：才10平方米。这10平方米原先是居民搭的简易厨房，今年3月份胡同环境整治，拆违拆出了这一小块空地。5月17日，设计方案征集居民意见，到会代表一致反对。根据居民的意见，设计师又拿出了第二稿。6月16日再次讨论，居民又提了意见，对于停放共享单车大部分居民都摇头反对。"不是叫胡同客厅吗？那就是一家人的意思。你说给自己家装修客厅，大伙儿能不上心吗？"胡同10号院的张德安张大爷说。7月6日、7月18日，社区又分批组织居民代表对修改后的设计方案进行讨论。细到亭子要垫高多少厘米，雨箅子应该安在那儿，现有的电箱、垃圾桶该怎么挪，廊架是用竹子的还是防腐木的，都进行了认真地推敲。这个项目大栅栏街道充分发动居民参与讨论与日常维护，问需于民、听意于民，既提高了解决问题的精准度，又能为社区居民搭建一个畅谈需求的协商平台，大大激发了居民参与到公共事务中的积极性和成就感，增强了政府和居民的沟通联系，拉近与居民的距离。

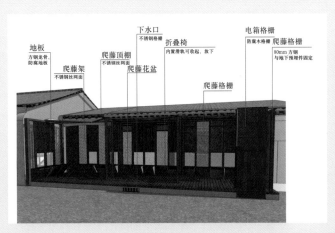

附录 1 Appendix1

北京市西城区人民代表大会关于加强历史文化名城保护提升城市发展品质的决议

(2017年4月7日北京市西城区第十六届人民代表大会第二次会议通过)

西城区作为北京营城建都的肇始之地，是北京历史文化名城的核心地区，保护好历史文化名城，进而推动城市发展品质的提升是全区人民的共同愿望。近年来，在区委的领导下，全区上下共同努力，在历史文化名城保护、提升城市发展品质方面取得了卓有成效的成绩。但同时也面临一些亟待破解的难题，历史文化保护区产权关系复杂、人口密度大、基础设施薄弱，人口资源环境矛盾突出；名城保护的参与机制不健全，社会公众参与度不高；近一半不可移动文物处于不合理使用状态，文物腾退工作难度大等。为了加强历史文化名城保护，提升城市发展品质，经北京市西城区第十六届人民代表大会第二次会议审议，做出如下决议。

一、加强历史文化名城保护，提升城市发展品质，必须坚持以党的十八大、十八届三中、四中、五中、六中全会精神和习近平总书记系列重要讲话、特别是两次视察北京重要讲话精神为指导，认真贯彻中央城市工作会议精神，积极落实北京市委市政府的有关要求，传承保护好历史文化名城金名片，凸显北京历史文化的整体价值。必须坚持党的领导，抓住大力实施京津冀协同发展战略、有序疏解非首都功能的重大机遇，健全区委领导、人大监督、政府实施、社会参与的工作机制，形成区域共建共管共治共享的保护和传承格局。必须坚持以《北京城市总体规划（2016—2030年）》为引领，使历史文化名城的整体保护与城市现代化建设相协调，让古都风貌创造性地融入现代社会。必须坚持运用法治思维、法治方式，全面深化改革，研究探索街区规划实施体系和保护历史文化名城新路径。

二、区政府要本着对历史负责、对人民负责的精神，结合我区实际，统筹好非首都功能疏解、人口调控、风貌保护、品质提升与民生改善，加强政策和机制创新，在资金投入方式、腾退模式、公房流转、产权转移登记、土地出让、文物征收等方面积极探索、大胆实践、总结经验、取得突破，推动形成政府主导、多方参与、共同受益的名城保护利用模式。把握好规划建设管理三大环节，坚持以精细化管理和优质服务提升城市发展品质，特别是要以"疏解整治促提升"专项行动为抓手，围绕重点，集中力量，量化实施，在中轴线和西长安街沿线、什刹海等区域取得阶段性成效。着力推进街区整理，建立整理设计方案和项目库，以工匠精神分街区分单元进行整治修补，改善人居环境，提升城市品质，彰显北京古老与现代交相辉映

的独特魅力。坚持"文"和"物"保护并重、"管"和"用"协同并举，全面推进"名城、名业、名人、名景"四位一体的工作体系建设，拓展名城保护内涵；加强腾退后文物的有效保护与合理利用，强化其公共文化服务功能；鼓励支持老字号企业挖掘历史文化内涵，提升老字号品牌文化传承力和影响力；探索非物质文化遗产的生产性保护方式，推进其活态传承；加大名城保护宣传力度，增强全社会积极参与的主动性和责任感；加快工作进度，力争"十三五"末全区被认定为不可移动文物的会馆和名人故居全部实施腾退，每个街道建立一个历史文化街区博物馆。

三、文物产权、管理和使用单位应切实提高文保责任意识，依法履行修缮和保养义务。企事业单位、社会机构、民间非政府组织等应当主动参与文物的保护与利用。驻区文化院团应积极创作精品力作，弘扬优秀文化。社区应发挥桥梁纽带作用，加强《中华人民共和国文物保护法》《北京历史文化名城保护条例》等法律法规和名城保护工作的宣传，动员市民主动参与保护工作。

四、广大市民应提高文保意识和文明程度，要像爱惜自己的生命一样保护好城市历史文化遗产，主动配合文物征收腾退，积极参加名城保护志愿活动。区名城委专家顾问团和文化遗产传播等五个专业委员会的专家学者与志愿者应继续发挥好作用，为名城保护、提升城市品质献计献策。中小学校要加强社会主义核心价值观、中华优秀传统文化、保护古都风貌、爱护城市环境等方面的教育，提高中小学生保护历史文化名城的意识。

五、区人大常委会要充分发挥法律监督、工作监督作用，组织开展执法检查、专题调研、听取专项报告、组织代表视察等工作，加强对政府履行历史文化名城保护职责的监督；对相关法律法规实施中的问题，要积极向立法机关提出具体的修改建议。北京市西城团的人大代表和区人大代表应认真履职，提出保护历史文化名城、提升城市发展品质方面的议案和建议，并动员其所在单位积极参与、主动配合名城保护和提升城市品质工作。

全区人民行动起来，共同推进历史文化名城保护、全面提升城市发展品质，为我区在展现"首都风范、古都风韵、时代风貌"城市特色中走在前列作出自己的贡献。

北京市西城区人民代表大会关于扎实推进街区整理不断提升核心区品质的决议

（2017 年 11 月 18 日 北京市西城区第十六届人民代表大会第三次会议通过）

党的十九大为新时代首都发展提出了新的更高要求，北京市第十二次党代会对首都功能核心区的发展作出了重要部署，《北京城市总体规划（2016—2035 年）》（以下简称《总规》）围绕"建设一个什么样的首都，怎样建设首都"这一重大课题，明确了目标和任务，描绘了北京未来发展的宏伟蓝图。为深入贯彻落实党的十九大精神，维护《总规》的严肃性，全力推动《总规》的落实，确保一张蓝图绘到底，加快推进国际一流的和谐宜居之都首善之区建设，北京市西城区第十六届人民代表大会第三次会议经过审议，就推进街区整理、提升核心区品质作出如下决议：

一、落实《总规》要求，明确街区整理工作的总体目标。要始终坚持以《总规》为遵循，着眼创建国际一流的和谐宜居之都首善之区，坚持以优化功能配置、业态调整升级、空间布局整理、风貌特色塑造、秩序长效管控和街区文化培育为重点，合理统筹街区功能，着力以街区为单元，对全区进行系统梳理、整治、提升，通过城市设计、街区设计、街区修补和有机更新，实现城市风貌、街区风貌的和谐统一。要尊重城市发展规律，延续好当前城市各专项治理工作，正确处理好街区整理与环境治理、历史文化名城保护等工作的关系，为建设政务环境优良、文化魅力彰显和人居环境一流的首都功能核心区作出更大的贡献。

二、精心编制规划，切实为街区整理工作提供科学指导。要落实"老城不能再拆"的要求，坚持统筹考虑、全局整理，坚持科学发展、与时俱进，坚持结合实际、稳步推进，充分发挥专家学者的作用，精心研究、科学编制近期和中长期全区街区整理工作的规划，细化工作任务和工作标准，进一步明确时间表、路线图。要按照首都功能核心区的功能定位，精准、精细划分街区，加强对跨街道街区的统筹协调，实现全面覆盖、无缝衔接。要统筹编制好各街区的设计方案，形成覆盖区域、街区、片区、老旧小区、平房院落、街巷胡同等系统的街区设计体系。

三、强化职责落实，确保街区整理工作扎实推进。区政府要进一步明确各职能部门、各街道的职责分工，全面推动责任落实，把握关键环节，加强绩效考评，强化责任追究，采取强有力措施，保证街区整理工作不因人员变更而中断。政府各部门、各街道要按照各街区整理计划和相关方案，统筹推进项目实施，发扬工匠精神，下足绣花功夫，确保街区整理工作深入开展。全区广大干部要率先垂范，严格依法行政，以久久为功的精神，深度参与街区整理，为人民群众提供更优质贴心的服务。

四、坚持协商民主，实现共建共治共享。要丰富和拓宽公众参与渠道，通过多种形式征求社会各界的意见建议，广泛动员各方面参与街区整理工作。驻区单位要主动支持、配合、参与有关具体工作。相关产权和物业单位要严格按照街区整理的要求，主动治理相关问题，助推街区整理方案的落实。社区应发挥桥梁纽带作用，动员街巷理事会、胡同管家和广大市民主动参与街区整理工作。广大市民要立足大局，自觉遵法守法，以实际行动支持街区整理工作，以人民城市人民建、人民城市人民管的主人翁精神，自觉维护街区良好的环境秩序，培育新时代的街区文化，为共建城市美好生活作出积极的贡献。

五、履行监督职能，推动街区整理工作有序开展。区人大常委会要充分发挥法律监督、工作监督作用，通过开展专题询问、听取和审议专项工作报告、执法检查等形式，加强对街区整理工作推进情况的监督。北京市西城团的人大代表和区人大代表要认真履行职责，积极参加对街区整理工作情况的视察、检查和调研活动，更好地听取民声、反映民意，提出更多更好的意见建议。

全区人民行动起来，以习近平新时代中国特色社会主义思想为指引，坚持首善标准，以永不懈怠的精神状态和一往无前的奋斗姿态，共同努力，共治共建，为落实《总规》、深入推进街区整理工作、持续提升核心区品质作出新的更大的贡献！

西城区街区整理实施方案

西城区是一个建成区，经过长期建设和发展，市政基础设施建设水平进一步提高，城市承载能力得到加强，城市环境形象有效改善，公共休闲空间进一步拓展，城市运行管理更加安全高效，管理服务品质和人民群众的安全感显著提升。近年来，全区上下深入学习贯彻习近平总书记系列重要讲话精神和治国理政新理念新思想新战略，深入学习贯彻习近平总书记两次视察北京重要讲话精神，认真落实中央城市工作会议精神，全面落实《北京城市总体规划（2016年—2035年）》（以下简称《总规》）要求，按照市委市政府和区委的决策部署，不断推进城市科学治理，推动发展和管理转型，在全市率先探索创新街区整理工作，进一步提升核心区发展品质。街区是打破现有街道或社区的规划界限，跨越地理空间规制，按照一定规模和历史沿革，把若干社区整合为一个城市人居基础单元。整理是对内容零散、层次不清的规划设计建设管理，进行条理化、系统化、科学化的再加工、再升级。街区整理，就是在对全区区域单元进行细致划分和诊断分析的基础上，通过系统设计与整治更新，改善人居环境，提升区域品质，形成城市修补、生态修复、文化复兴的良好城市治理格局。实施街区整理是落实首都城市战略定位，推进发展转型和管理转型的必然要求；是深入推进区域科学治理，全面提升发展品质的现实需要；是更好地保障首都职能履行、更好地服务市民生活宜居、更好地展现城市文化风采的实践路径。为更好地推进街区整理工作，特制定本方案。

一、总体思路

坚定自觉坚持以习近平新时代中国特色社会主义思想为指引，深入贯彻落实习近平总书记两次视察北京重要讲话精神，深入学习贯彻党的十九大和市第十二次党代会精神，统筹推进"五位一体"总体布局和协调推进"四个全面"战略布局，牢固树立新发展理念，紧密对接"两个一百年"奋斗目标，按照《总规》的要求，以街区整理为抓手，全力做好"四个服务"，维护安全稳定，保障中央党政军领导机关高效开展工作；保护古都风貌，传承历史文脉；有序疏解非首都功能，加强环境整治，优化提升首都功能；改善人居环境，补充完善城市基本服务功能，加强精细化管理，努力创建国际一流的和谐宜居之都的首善之区。

二、工作原则

坚持问题导向。系统性、整体性诊断街区存在的问题，分析问题的原因和程度，理清重点、难点和相互关系，确保对症下药，精准"靶向治疗"。

坚持规划引导。街区整理覆盖面广，包含了设计导则编制、项目实施管理等多个系统，涵盖了宏观城区、中观街道社区和微观街巷节点等多个粒度。要坚持以规划为引领，有周期、按步骤、持续渐进地推进实施，确保近中远期目标逐一实现。

坚持科学实施。在科学划定街区的基础上，由专业部门制定街区设计方案。街区设计方案一经确定，要形成施工图，严格按图施工，后期维护或再整修也须按设计导则、设计方案图施工。

坚持试点先行。区分轻重缓急，重点先行、以点带面，形成示范，服务远景发展目标，带来城市品质的综合提升。要从重点区域抓起，从重点项目做起，步子要稳，工作要实，效果要好，注重积累经验，发挥示范带动作用。

坚持全员参与。街区整理与背街小巷整治提升等专项行动深化结合，引导居民、商户、驻区单位等各方参与，实行居规民约，健全共建共治共享长效机制，实现更广泛的社会支持和认可。

三、工作目标

全区范围内划定街区，全面构建定位鲜明、整体协调、配置合理、生活便利、风貌协调的精品街区，形成区域生态品质显著提升、市政基础设施条件不断完善、历史文化风貌有效保护、人居环境大幅改善、城市文化精神培育树立推广的整体成效，建设政务环境优良、文化魅力彰显和人居环境一流的首都功能核心区。

认真贯彻落实好蔡奇书记关于推动老城复兴和生态重构使老城有故事、有温度的要求，通过街区整理，推行城市设计和街区设计，有序实施街区修补和有机更新，实现城市风貌、街区风貌的和谐统一；合理统筹街区功能，实现生态环境、基础设施、公共服务、公共空间等全区性规划在街区的落地和均衡发展；深化拓展"疏解整治促提升"专项行动和背街小巷整治，把治理理念贯穿到工作的各个方面，探索治理体制、改进治理方式、创新治理手段，实现精治、共治、法治。

通过街区整理，持续疏解非首都功能，增强首都核心功能，补齐服务功能短板，使街区功能与发展目标更加适应。推进业态转型升级，使业态与核心区发展要求、与街区功能定位相协调。科学合理、精细规范利用好空间，体现以人为本、和谐宜居。因循街区历史文化特色和主导功能定位，通过精心设计、规范管理、合理配置公共家具，塑造有特色、有活力、有文化魅力的街区风貌。系统整治违法建设、"开墙打洞"、违法经营、环境脏乱、无序停车、违规广告牌匾等乱象，落实分类管理标准并有效维护。培育街区精神，落实"门前三包"，制定临街公约，动员引导社会参与，激发社会责任与公共意识，推动共治共享，为长效管理打好基础。

四、工作任务

当前和今后一个时期，围绕人民日益增长的美好生活需要和区域可持续发展的要求，聚焦重点难点，扎实推进街区整理工作。

（一）划定街区单元，连片覆盖全区。各街道办事处结合街道整体规划，根据不同类型街区的功能定位、业态集聚、传统风貌等特点，参考《西城区城市环境分类分级管理体系》，科学划分街区，将街道辖区划分为若干街区（要覆盖街道全部辖区）。按照空间规模适度的原则，结合社区实际，1个社区可以被划定1个街区，也可以多个社区组合成1个街区；也可以主次干道、背街小巷、特色街区为界限，整体街区跨街道辖区的由功能街区指挥部来统筹协调。区环境建设办和西城规划分局牵头组织对各单位对初步形成的街区划定进行研究和论证后，提交区政府审议，形成最终街区划定。

（二）优化整理空间，加强公共空间管理。科学合理、精细规范利用好空间，包括地面、建筑、外立面及空中视廊，与街区功能、风貌特色协调，体现以人为本、和谐宜居。对边角地、腾退土地、拆除违法建设后区域、四合院等街区公共空间要按照提前规划、科学设计、精细使用的原则进行治理，提升空间利用价值，强化民生理念，实现"一步一景一情趣"的宜居效果。

（三）进行街区诊断，建立街区整理项目库。确定专业设计单位，重点研究无序停车、违法建设、生活性服务业不均衡等问题或多问题相对集中的总体思路，结合历史、现状、发展的视角做好街区诊断，深入发掘历史文化元素，广泛动员公众参与，增强街区整理的针对性。各街道对照街区整理内容，针对每个街区，逐项摸排、梳理问题，分析问题成因，建立街区整理项目库，形成科学系统的解决路径，经区政府研究审批通过后组织实施。

（四）开展街区设计，形成街区整理设计方案库。各街道办事处结合背街小巷环境整治提升、疏解整治促提升相关工作，统筹好街区整体布局和细节设计，按照《北京西城街区整理城市设计导则》的指导和要求，形成因地制宜的街区整理设计方案。设计方案要达到"一院（楼）一策"精细化程度，形成操作性强的整治方案，落实民生工作民意立项机制，广泛征求公众意见。经城市品质提升艺术审查委员会评审后，提交区政府审议，确定为街区整理设计方案，纳入街区整理设计方案库，作为后续项目实施的标准。街区整理设计方案适时向社会发布，集思广益，接受监督。

（五）总结试点经验，形成重点街区精品示范。全区重点完成南北长街、鼓楼西大街等重点街区整理设计方案。各街道相应完成本街道1—2个重点街区整理，打造样板，发挥示范引领作用。街区整理的具体项目由各功能街区指挥部和前端公司、各街道办事处按计划组织实施。

（六）加快项目实施，实现总体风貌全面提升。各街道办事处按照街区整理台账和项目库，通过工程项目实施等多种形式，集中开展街区整治提升工作，形成阶段性效果。切实加强老城整体保护，打造沿二环路的文化景观环线，推动二环路外片区优化发展，重塑首都独有的壮美空间秩序。坚持创新驱动，深化大数据、物联网等新技术在街区整理中的应用，推进街区整理与信息技术深度融合。

（七）动员各方参与，增强街区整理工作合力。积极构建党委领导、政府负责、街区组织、专家指导、专业实施、综合执法、群众参与、社会监督的共建共享的工作格局。强化与驻区单位的协调联动，加强"门前三包"、居民自治、商户自律，发挥好街巷自治共建理事会等胡同管家的作用。完善"西城大妈"等志愿服务体系建设，不断激发广大群众的社会责任与参与意识，在小区、胡同管理中发挥智囊团、监督员作用。注重城市发展、民生改善、环境提升、老城保护、老字号传承等方面的系统谋划，更好地提升区域发展品质，展现出共建共治共享的精彩西城，奏响全面建成小康社会的西城乐章。

（八）做好验收评估，确保街区整理取得良好效果。在每年度基本完成辖区内街区整理任务的基础上，全面梳理、总结街区整理工作经验，并由职能部门、居民代表等多方参与验收评估，形成高效、长效的工作模式和机制，持续推进街区整理工作常态化、精细化、长效化。

五、职责分工（略）

六、保障措施

（一）凝聚思想共识。实施街区整理，提升城市品质，是贯彻落实习近平总书记视察北京重要讲话精神的具体体现。要从讲政治和履行好"四个服务"职责的高度，围绕建设国际一流的和谐宜居之都首善之区的目标，扎实推进街区整理工作，重点打造、整体提升核心区品质。

（二）严格落实责任。区环境建设办、西城规划分局发挥"牵头抓总"作用，统筹推进、协调解决实施过程遇到的重点难点问题；各功能街区建设指挥部和街道办事处要发挥街区统筹协调和属地管理主责作用，结合划定街区的实际情况，按照整理规划设计要求，详细制定街区整理实施方案，细化任务，明确责任、协调落实；各职能部门要扎实履职、配合联动，切实改善民生环境，整体提升区域宜居环境和发展水平。

（三）加强宣传动员。街区整理要充分考虑民需民意，坚持走群众路线，凝聚社会共识，营造人人动手、广泛参与、共建共享的良好氛围。拓宽公众参与渠道和方式，加大宣传力度，充分利用政府信箱、便民热线等多种渠道和街区设计大赛等多种方式，集思广益，为街区整理提供多元化方式方法。

（四）强化督导检查。建立街区整理专项工作台账，研究制定督导、考核机制，定期对街区整理工作进行督导检查，联合验收，跟踪整改。

北京市西城区街区公共空间管理办法（试行）

第一章 总 则

第一条 为贯彻落实《北京城市总体规划(2016年—2035年)》，加强我区街区公共空间的规划、建设、管理工作，进一步提高城市治理体系和治理能力现代化水平，实现城市的精治、共治、法治，根据有关法律法规规章和市区相关文件，制定本办法。

第二条 本行政区域内街区公共空间的规划、建设、使用和管理适用本办法。

本办法所称街区公共空间是指本区一般建成区及传统风貌区内向社会公众开放，供公共使用和活动的场所，包括市政道路、街巷胡同、建筑物、公园、广场、绿地、体育场地、停车场、滨水区域等。

第三条 街区公共空间遵循科学规划、统筹建设、规范管理、合理利用、方便公众的原则，致力建设安全、有序、生态、人文、舒适的环境空间。

第四条 区政府统筹领导全区街区公共空间的规划、建设、使用和管理工作，保障社会公共利益，提升城市品质。

各街道办事处和各功能街区建设指挥部在各自辖区和职责范围内，履行街区公共空间规划、建设、使用、管理的属地责任和主体责任。

规划、城管执法、城市管理、园林、商务、公安、环保、文化、旅游、交通、工商、住房建设、房管等部门在各自职责范围内，共同做好街区公共空间管理工作。

第五条 街区公共空间的规划、建设、使用和管理应当发挥各方主体作用，构建党委领导、政府负责、社会协同、公众参与、法治保障、共建共享的治理格局。

第六条 街区公共空间的规划、建设、使用和管理应当强化理念创新、方式创新，加强管理的信息化、程序化、数据化、标准化建设，推进管理粒度、频度、维度精细化。

第二章 工作职责

第七条 区城市管理委员会(区环境建设办)牵头建立联席会议制度，统筹协调涉及街区公共空间的规划、建设、使用、管理事项。

联席会议决定事项，由各相关部门、属地街道办事处以及责任单位负责实施，区城市管理委员会(区环境建设办)做好统筹协调、督促落实工作。

第八条 各职能部门应当依据各自职责，加强对街区公共空间的监督管理：

(一)西城规划分局：负责编制街区公共空间设计导则；向街道提供设计单位建议名单；组织城市品质提升艺术审查委员会审查街区设计方案；负责相关建设项目的规划管理工作，并对未按规划批准要求实施的建设行为进行查处。

(二)区城管执法监察局：负责对未经规划批准的违法建设、室外流动无照经营摊点、占道经营以及其他违反市容环境卫生、公用事业、市政、施工现场、园林绿化等相关法律法规的行为进行查处。

(三)西城工商分局：负责经营主体的注册登记管理，查处固定场所无照经营行为；组织、实施广告监督管理活动，查处广告违法违规行为；查处销售假冒伪劣产品、侵犯消费者权益等违法行为。

(四)区城市管理委员会(区环境建设办)：负责区属市政道路、桥梁、公共停车设施、环卫等基础设施的建设和管理工作；负责本区停车设施的规划建设和管理工作；负责户外广告、牌匾标识、标语宣传品的规范设置；组织协调、管理城市道路公共服务设施设置；负责城市照明管理工作；指导、管理街区公共空间固体废弃物分类收集、运输、处置体系建设工作。

(五)区商务委：负责社区商业便民网点配套的组织规划；组织商业街区配套建设规划。

(六)区文化委：指导、提升街区公共文化建设；负责街区内文物保护有关事项的管理；对文化、新闻出版、文物等违法行为进行查处。

(七)区旅游委：统筹协调规范街区旅游市场秩序；按照相关标准指导协调景观标识、引导标识、服务标识与无障碍设施等旅游公共服务设施的建设、改造和管理。

(八)区环保局：负责对街区公共空间内违反环保法律法规行为进行查处。

(九)西城交通支队：负责管理规范道路范围内的动、静态交通秩序，并对相关违法行为进行查处。

(十)西城公安分局及属地派出所：负责维护社会治安秩序，并对危害社会治安秩序的行为进行制止和查处。

(十一)区园林绿化局：组织、指导和监督街区绿化美化养护管理工作。

(十二)区住房城市建设委：负责本区工程建设管理工作，

推进危旧房改造、重点功能街区建设、社会事业发展项目的实施。

（十三）区房管局：负责监督、指导、督促直管公房经营管理、产权管理和房屋修缮工作，牵头组织直管公房转租转借等情况的联合执法；负责街区公共空间相关物业服务的监督、指导工作。

区社会办、区文明办等其他职能部门依据各自职权做好街区公共空间相应监督管理工作。

第九条　增强街道在城市治理中的基础地位，发挥街道统筹协调综合执法的作用。各街道办事处承担街区公共空间属地管理责任，组织、配合有关部门做好街区公共空间规划、建设、使用、管理工作。

第十条　各功能街区建设指挥部发挥统筹协调作用，做好相邻区域的衔接和统筹；调整和细化本功能街区内涉及的街区公共空间相关治理、项目建设、后续管理等内容。

第三章　街区规划

第十一条　街区公共空间的规划应当在符合《中华人民共和国城乡规划法》《北京市城乡规划条例》《城市设计管理办法》《北京城市总体规划（2016年—2035年）》等法律法规规章和本市有关规定基础上，结合本区实际，突出本地特色，全面构建定位鲜明、整体协调、配置合理、生活便利、风貌协调的街区空间。

第十二条　西城规划分局应当加强街区公共空间的规划和设计工作，组织制定街区公共空间设计导则和各专项导则，指导、督促有关部门按照导则实施街区公共空间设计工作。

第十三条　各街道办事处协同各功能街区建设指挥部结合街道整体规划和功能街区整体定位，根据不同类型街区的功能定位、业态集聚、传统风貌等特点，以社区为参考单位，对辖区进行街区划分，并报区政府批准。

第十四条　区环境建设办协同各街道办事处统筹协调街区整体布局和细节设计，按照街区整理设计导则的指导和要求，委托符合资质条件的专业设计单位制定具体街区整理设计方案。

具体街区整理设计方案在制定过程中应当从居民需求出发，广泛征求所在街区居民意见，吸纳居民合理意见建议。

具体街区整理设计方案经区城市品质提升艺术审查委员会审查和区政府审议后，纳入街区整理设计方案库，作为该街区公共空间实施整理时的指导标准和依据。

第十五条　各街道办事处根据市区要求和年度重点工作安排，分阶段开展具体街区整治提升工作，将街区整理设计导则和设计方案落实到位。

第十六条　区环境建设办组织对街区整理成效进行检查考核，并建立职能部门、居民代表等多元化主体参与的验收评估体系，持续推进街区整理工作常态化、精细化、长效化。

第四章　街区管理

第十七条　街区公共空间的日常管理实行政府负责、社会共治、协同配合、共建共享。

第十八条　各职能部门依据法定职责，对街区公共空间进行监督管理，对违反相关法律法规的行为依法进行查处。

各街道办事处和各功能街区建设指挥部依照各自职责加强所辖街区公共空间的监督管理、统筹协调、宣传教育。

第十九条　街区所在居民委员会、业主委员会应当加强自治，建立健全街巷自治理事会，依法进行街区公共空间的自我管理。

第二十条　街区公共空间纳入门前三包责任范围的，各机关、团体、部队、企事业、个体工商户等单位，负责本单位门前责任区内的公共空间管理工作，承担相应的责任义务。发现其他单位或者个人不按规定的，有权予以劝阻、制止，对不听劝阻的违法行为，可以向有关部门举报。

第二十一条　相关行业社团组织依照章程，建立健全行业自律制度，规范指导会员经营管理，维护会员合法权益，组织会员积极参与街区公共空间治理，维护街区公共空间秩序。

第二十二条　街区公共空间根据市区要求和实际需要，设置街巷长、"小区管家"、河长、网格员等管理人员和责任人员，对相应街区公共空间进行巡查、检查、管理、维护。

第二十三条　区城市管理委员会（区环境建设办）、各街道办事处可以通过购买服务的方式委托物业服务企业或组织其他力量，对街区公共空间的公用设施设备和相关道路、场地进行维修、养护、管理，维护区域内环境卫生、市容市貌和公共秩序的活动。

第二十四条　充分发动街区居民和志愿者力量，发挥"西城大妈"等群防群治志愿者作用，开展街巷文明劝导活动，鼓励、引导居民群众积极参与街区公共空间的自我管理和维护。

第二十五条　街区公共空间管理分为市政道路、街巷胡同和老旧小区、交通秩序、户外设施、园林绿化、建筑施工、市容环境等类别。

第一节 市政道路

第二十六条　市政道路建设致力建成系统完善、级配合理、层次清晰、功能明确的道路网络系统，提高通行率，与历史文化街区保护相结合，与城市生态环境、城市景观相协调。

市政道路建设应当结合风貌保护、腾退修缮和环境整治工作，优化道路空间建设，加强市政基础设施建设，改善道路通行环境。

第二十七条　道路及其附属设施的容貌应当符合法律法规规定和市区有关标准，保持整洁、完好、美观、有效；出现破旧、污损的，应当及时清洗、修复、更换。

第二十八条　单位和个人不得擅自占用城市道路。

因特殊情况需要临时占用道路的，由交通路政部门依据权限进行审批。占用期满后，应当及时清理占用现场；损坏道路及其设施的，应当修复或者赔偿。

因城市建设等经批准临时占用城市道路的，应当合理安排工期和施工方式，减少对城市交通和居民生活的影响。

第二十九条　单位和个人不得占用城市道路设立固定集贸市场和擅自摆摊设点。

临街的商业、服务业等行业的经营者，不得擅自出店经营、作业或者展示商品。

第三十条　单位和个人不得擅自在城市道路范围内设置道路停车泊位。

确需占道设置的，由西城交通支队审核后报市交通管理局审批。

第二节　街巷胡同和老旧小区

第三十一条　街巷胡同和老旧小区公共空间日常管理，要做到"十有十无"。"十有"就是有政府代表（街长、巷长）、有自治共建理事会、有物业管理单位、有社区志愿服务团队、有街区治理导则和实施方案、有居民公约、有责任公示牌、有配套设施、有绿植景观、有文化内涵。"十无"就是无乱停车、无违章建筑（私搭乱建）、无"开墙打洞"、无违规出租、无违规经营、无凌乱架空线、无堆物堆料、无道路破损、无乱贴乱挂、无非法小广告。

第三十二条　街巷胡同、老旧小区内公共空间的配套公共

服务设施，包括且不限于接入市政管线的支线、检查井、座椅、景观设施、绿化设施、垃圾分类容器等，且要保持整洁、完好，有专门的管理维护人员定期维护。

第三十三条　老旧小区立面色彩应遵循和谐、协调、统一的原则，保持外墙面整洁，无破损，与周边环境相匹配；小区道路全部硬化，小区物业管理人员应做好交通秩序引导和劝导，维护小区内停车秩序。道路和楼门间设置必要的无障碍通道。公共空间设备设施应选用节能灯具、节水器具和再生水回收。多元增绿，做好垃圾分类，实现垃圾减量化、无害化、资源化处理。做好安全管理，落实第三十一条"十无"管理标准，依法有序拆除违法建设，清理堆物堆料，消除安全隐患。街道和社区居委会开展宣传教育，做到"定人、定责任、定考核、定追究"。

第三节　交通秩序

第三十四条　加强本区停车设施的规划、建设、设置、管理及车辆停放管理的统筹协调。

区城市管理委员会根据本市机动车停车设施专项规划，制定本区停车设施规划及年度实施计划，并组织实施。

第三十五条　以规划引导、政策扶持、市场运作、社会参与为原则，鼓励社会资本投资、建设和经营停车场，鼓励建设立体停车场，鼓励单位和个人利用地下空间资源开发建设公共停车场，鼓励利用待建土地、空闲厂区、桥下空间、边角空地等场所，设置临时停车设施。

鼓励政府机关、团体、企事业单位的机动车停车场向社会开放。鼓励停车泊位所有者、使用者开展错时有偿共享。

第三十六条　设置停车设施，应当符合国家和本市停车设施设置标准和设计规范，并依照有关规定将停车泊位情况报送区城市管理委员会。

停车场向社会开放并收费的，停车管理单位应当依法办理工商登记、税务登记等相关手续，在手续办理完毕后到区城市管理委员会办理备案。

第三十七条　社会公众应当自觉遵守停车规则，增强规范停车意识，不得实施违规停放车辆、擅自设置地桩地锁等障碍物、擅自设置、撤除道路停车泊位和标志标线、故意损坏停车设备设施等违法行为。

第三十八条　区城市管理委员会依法加强对共享单车的规

范管理工作。编制辖区发展和停放规划，明确非机动车停放区域和禁停区域信息；协调推进辖区公共场所停放区设置和设施建设；开展日常监管、动态监测和行政执法工作；受理相关投诉建议；做好应急处置工作，维护公共安全和交通秩序。

第三十九条　对占用市政道路停放闲置、有碍街区交通与市容环境卫生的机动车，由西城交通支队依法处理。

对其他长期占用街区公共空间停放闲置、有碍街区交通、市容环境卫生的机动车、非机动车，由街道办事处通知车辆所有人予以挪除。无法联系车辆所有人的，应当予以公告，公告日期届满，车辆所有人拒不挪除的，由街道办事处拍照取证后送指定停放地点，代为挪除，并通知车辆停放地点所在派出所、居委会。

第四节　户外设施

第四十条　在道路及其他公共场所设置的各类设施，应当协调美观。

区城市管理委员会按照本市有关规定和标准，协同有关部门研究制定本区公共场所各类设施的设置规划和设置标准，报区政府批准后实施。

现有设施不符合规划和标准的，区城市管理委员会应当会同有关部门制定改造方案，逐步达到规定标准。

第四十一条　户外广告设施是指设置于街区公共空间内用于发布广告的霓虹灯、展示牌、电子显示装置、灯箱、实物造型等设施。

街区公共空间应当严格执行户外广告设置规划，明确规定允许或者禁止设置户外广告的区域、街道和建筑物，以及广告设施设置的条件、地点、种类、规模、规格、有效期限等。

户外广告设施设置者应当加强日常维护管理，对画面污损、严重褪色、字体残缺、照明或者电子显示出现断亮或者残损的，及时更新维护。

第四十二条　牌匾标识是指企事业单位、个体工商户临街设置的与依法核准登记的名称相符的标牌、标志、指示牌、匾额等设施。

牌匾标识的规划、标准、色调、质量等，结合所在街道的建筑风格、主要功能等因素统一规划，体现特色风貌。

牌匾标识的设置应当符合设置规划和设置标准的具体要求；出现污浊、破损的，应当及时清洗、更换。

第四十三条　街区公共空间的各类架空线路应当逐步改造为地下管线或者采取隐蔽措施，美化城市空间视觉环境。

街区公共空间的报刊亭、阅报栏、信息栏、条幅、布幔、旗帜、充气装置、实物造型应当在规定的时间、地点，按照规定的标准、条件设置，并与周围景观相协调。

在街区公共空间设置的交通、电信、邮政、电力、环境卫生、体育等各类设施，应当依据规划和标准设置，保持完好和整洁美观。未依规划设置的，应当进行改造。出现破旧、污损或者丢失的，应当及时维修、更换、清洗或者补设。

在街区公共空间设置建筑小品、雕塑等建筑景观的，应当与周围景观相协调，并按照规定定期维护。出现破旧、污损的，应当及时粉刷、修饰。

第五节　园林绿化

第四十四条　在公园、广场设置为游人服务的商业摊点、游乐设施、娱乐场所和广告标志，应当统一规划、合理布局、控制数量。

在公园、广场举办展览、文艺表演、集会、商业促销等各类活动的，应当符合公园、广场的性质和功能，不得损害植被、设施和环境质量，并按照有关规定办理审批手续，活动结束后应当及时清理场地，恢复原状。

公众自发的文体活动应当遵守公园、广场的管理规定，不得影响周边居民的生活环境和秩序。

第四十五条　单位和个人不得擅自占用街区公共绿地、改变绿地性质和用途，不得擅自移植、砍伐树木，不得损害绿化成果和绿化设施。

因城市建设等原因确需临时占用绿化用地、砍伐移植树木的，须经区园林绿化局批准，并依法办理手续。

第四十六条　街区滨水区域应当严格控制各类开发建设活动，保持自然形态和生态功能。

落实河长制管理机制。任何单位和个人在街区滨水区域活动都应当遵守有关管理规定，不得污染水体、破坏环境。

第六节　建筑施工

第四十七条　建筑物、构筑物的体量、外形、高度、立面、色彩应当与周边公共空间的景观、环境相协调，不得破坏自然景观和人文景观。

有关部门在编制具体街区整理设计方案时应当明确对相应街区建筑物、构筑物体量、外形、高度、立面、色彩等方面的具体要求。已有的不符合要求的建（构）筑物和其他设施，应当逐步予以整改。

第四十八条　任何单位和个人都应当遵守城乡规划，服从规划管理，不得进行违法建设，或者利用违法建设非法获利。

区环境建设办会同有关部门制定违法建设拆除规划和实施方案。严格控制新生违法建设，保持零增长态势；对既有违法建设，按照市区要求和实际情况，加大拆除力度，分阶段予以拆除，提升城市精细化管理水平。

第四十九条　严禁擅自改变房屋使用用途和房屋结构。

区环境建设办会同有关部门制定开墙打洞整治方案，西城工商分局对街区内利用开墙打洞房屋经营的行为进行专项治理，切实维护街区环境和市场经营秩序。

第五十条　街区房屋进行新建、翻建、改扩建、修缮和装饰装修的，由西城规划分局等部门依据法律法规要求进行审批。对历史文化街区房屋进行保护修缮的，按照《北京旧城历史文化街区房屋保护和修缮工作的若干规定（试行）》和市区有关要求进行。

第五十一条　以功能调整为引导，有序推进人口合理流动，适度降低居住密度，优化配套服务设施，逐步改善居民生活环境。推动棚户区改造项目有序开展，全面实施边角地和直管公房简易楼整治改造，积极推进老旧小区综合整治。

第七节　市容环卫

第五十二条　街区道路及其他公共场所应当按照作业规范和环境卫生标准要求，定时清扫，及时保洁，不得乱堆乱放。

新建、改建、扩建建设工程应当按照规定设置围挡、临时厕所和垃圾收集设施，并采取措施保持环境卫生。

第五十三条　对生活垃圾等废弃物按照规定分类收集、分类运输和分类处理。

建筑垃圾、工业垃圾、医疗卫生垃圾、餐厨垃圾等应当按照市区有关规定进行收集、贮存、清运、处理。

第五十四条　任何人不得在街区公共空间实施随地吐痰、便溺、乱丢废弃物、乱倒污水、垃圾，焚烧树叶、垃圾、饲养家禽家畜等影响街区环境卫生的行为。

任何人不得擅自在公共场所散发、悬挂、张贴宣传品、广告，不得在建筑物、构筑物等处刻画、涂写、喷涂标语及宣传品、广告。

第五十五条　严格保护街区公共空间环境。有关部门、单位和个人应当采取措施，防治在生产建设或者其他活动中产生的废气、废水、废渣、医疗废物、粉尘、恶臭气体、放射性物质以及噪声、振动、光辐射、电磁辐射等对环境的污染和危害。严格查处违反环保法律法规规章的行为。

第八节　其　他

第五十六条　有序疏解北京非首都功能，对不符合《北京市新增产业的禁止和限制目录》和《西城区新增产业禁止和限制目录》的业态予以严格控制，对既有不符合核心区功能定位的业态逐步进行优化和调整。

第五十七条　区流管办、西城公安分局、区民防局、区房管局依据各自职责对违法违规出租房、群租房、地下空间、直管公房进行清理整治，切实维护区域治安稳定和社会秩序。

第五十八条　加强疏解腾退空间管理和利用，按照《西城区疏解腾退空间资源再利用指导意见》加强对腾退空间资源的优化配置、利用管控，使其与核心功能增强、人居环境改善、业态升级调整、城市品质提升相协调。

第五十九条　区商务委应当合理布局商业配套设施，科学配置并促进生活性服务业的提升、改造、转型，切实保障街区居民的日常生活需要。

第六十条　区旅游委应当加强景区范围内旅游秩序的维护。完善投诉举报受理机制，依法处理游客对景区内旅游管理秩序行为的投诉和举报。

第六十一条　街区内从事生产经营的单位和个人，应当合法经营、文明诚信，自觉维护良好的旅游、购物、交通环境和经营秩序，不得从事无照经营、扰序揽客、制售假冒伪劣商品、价格欺诈等违法行为。

第六十二条　大力推进街区公共空间文化建设，完善"名城、名业、名人、名景"工作体系建设，挖掘社区历史文化资源，打造特色公共文化品牌，通过多种形式的社会、文化活动，增强社会责任感和社区凝聚力。

第五章　法律责任

第六十三条　违反本办法第四章第一节规定，有擅自占用、破坏道路等违法行为的，按照国务院《城市道路管理条例》《北京市市容环境卫生条例》《北京市城市道路管理办法》等有关规定处理。

第六十四条　违反本办法第四章第二节规定，在街巷胡同和老旧小区出现破坏环境秩序等违法行为时，街道应依据《北京市市容环境卫生条例》组织综合执法，查处违法行为。

第六十五条　违反本办法第四章第三节规定，有违规停车、擅自设置地桩地锁、擅自设置道路停车泊位等违法行为的，按照《中华人民共和国道路交通管理法》《北京市机动车停车管理条例》《北京市非机动车停车管理办法》等有关规定处理。

第六十六条　违反本办法第四章第四节规定，有违规设置户外广告、牌匾标识、标语、宣传物等违法行为的，按照《北京市市容环境卫生条例》《北京市户外广告设置管理办法》《北京市标语宣传品设置管理规定》等有关规定处理。

第六十七条　违反本办法第四章第五节规定，有擅自占用绿地、擅自砍伐树木等违法行为的，按照《北京市城市绿化条例》《北京市大型社会活动安全管理条例》《城市绿线管理办法》等有关规定处理。

第六十八条　违反本办法第四章第六节规定，有违法建设、擅自开墙打洞等违法行为的，按照《北京市城乡规划条例》《北京市市容环境卫生条例》《北京市禁止违法建设若干规定》等有关规定处理。

第六十九条　违反本办法第四章第七节规定，有擅自倾倒垃圾、污染环境等违法行为的，按照《中华人民共和国环境保护法》《北京市市容环境卫生条例》《北京市生活垃圾管理条例》等有关规定处理。

第七十条　违反本办法规定的其他行为，法律法规规章有处理规定的，从其规定。

第七十一条　区政府有关部门及其工作人员在街区公共空间监督管理工作中，不按照本办法规定履行职责的，应当追究行政责任；滥用职权、玩忽职守、徇私舞弊的，由区监委、其所在单位、上级主管部门依据管理权限对直接负责的主管人员和其他直接责任人员依法给予行政处分；构成犯罪的，由司法机关依法追究刑事责任。

第六章　附　则

第七十二条　有关职能部门、街道办事处可以根据自身职责和实际情况制定本部门、本区域街区公共空间管理实施细则，细化相应标准和要求。

相关责任部门应当依法、及时制定涉及街区公共空间管理的规划、标准、规范等文件，促进街区公共空间管理的标准化、制度化建设。

第七十三条　本办法自 2017 年 12 月 15 日起施行。

附录 2 Appendix 2

相关文件：

《中共中央国务院关于深入推进城市执法体制改革改进城市管理工作的指导意见》（2015 年）

《中共中央国务院关于进一步加强城市规划建设管理工作的若干意见》（2016 年）

《中共中央国务院关于加强和完善城乡社区治理的意见》（2017 年）

《中共北京市委北京市人民政府关于全面深化改革提升城市规划建设管理水平的意见》（2016 年）

《关于进一步加强首都环境建设工作的意见》（2013 年）

相关法律法规政策：

《中华人民共和国城乡规划法》

《中华人民共和国建筑法》

《中华人民共和国文物保护法》

《中华人民共和国环境保护法》

《中华人民共和国广告法》

《历史文化名城名镇名村保护条例》

《城市市容和环境卫生管理条例》

《城市绿化条例》

《城市照明管理规定》

《城市设计管理办法》

《北京市城乡规划条例》

《北京市文物保护管理条例》

《北京市历史文化名城保护条例》

《北京市市容环境卫生条例》

《北京市绿化条例》

《北京市生活垃圾管理条例》

《北京市河湖保护管理条例》

《北京市城市建筑物外立面保持整洁管理规定》

《北京市标语宣传品设置管理规定》

《北京市户外广告设置管理办法》

《北京市架空线管理若干规定》

《北京市旧城历史文化街区房屋保护和修缮的若干规定（试行）》

《北京旧城房屋修缮与保护技术导则》

《北京旧城历史文化保护区房屋保护和修缮工作的若干规定（试行）》

《北京市牌匾标识设置管理规范》

《北京市城市道路公共服务设施设置与管理规范》

《北京核心区背街小巷环境整治提升设计管理导则》

《北京市居住公共服务设施配置指标》

《北京城区人和非机动车交通系统设计导则》

《北京市新增产业的禁止和限制目录》

《关于编制北京市城市设计导则的指导意见》

《"百街百巷百社区"精品治违示范工程实施方案》

相关规划：

《北京城市总体规划（2016—2030 年）》

《北京城市总体规划（2004—2020 年）》

《北京市区中心地区控制性详细规划》（1999 年版）

《北京中心城控制性详细规划》（2006 年版）

《北京历史文化名城保护规划》（2002 年）

《北京旧城 25 片历史文化保护区保护规划》（2002 年）

《北京历史文化名城皇城保护规划》（2003 年）

《法源寺历史文化保护区保护规划研究》（2014 年）

《北京市绿地系统规划》（2010 年）

西城区相关文件和规划：

《中共北京市西城区委西城区人民政府关于切实加强规划建设管理工作全面提升城市品质的实施意见》

《北京市西城区人民代表大会关于扎实推进街区整理不断提升核心区品质的决议》（2017 年 11 月）

《北京市西城区人民代表大会关于加强历史文化名城保护提升城市发展品质的决议》（2017 年 4 月）

《关于全面推行民生工作民意立项工作的意见》

《西城区新增产业的禁止和限制目录》

《西城区疏解腾退资源再利用指导意见》

《北京市西城区城市环境分类分级管理标准体系》

《北京市西城区街区公共空间管理办法（试行）》

《西城区绿道体系规划》（2014 年）

《北京市西城区国民经济和社会发展第十三个五年规划纲要》

《北京市西城区"十三五"时期历史文化名城保护规划（2015—2020 年）》

《北京市西城区"十三五"时期城市道路发展规划（2015—2020 年）》

《北京市西城区"十三五"时期园林绿化发展规划（2015—2020 年）》

相关规范标准指南：

《城市道路交通规划设计规范》GB 50220—95

《城市绿地设计规范》GB 50420—2007

《城市工程管线综合规划规范》GB 50289—1998

《地名标志》GB 17733—2008

《文物保护单位标志》（GB/T 22527—2008）

《标志用公共信息图形符号》GB/T 10001—2012

《公共信息导向系统设置原则与要求》GB/T 15566—2007

《公共信息导向系统导向要素的设计原则与要求》GB/T 20501—2013

《文物保护单位标志》GB/T 22527—2008

《无障碍设计规范》GB 50763—2012

《城市道路交通标志和标线设置规范》GB 51038—2015

《城市道路工程设计规范》CJJ 37—2012

《城市道路工程设计规范》CJJ 37—2012

《城市道路公共交通站、场、厂工程设计规范》CJJ/T 15—2011

《城市人行天桥与人行地道技术规范》CJJ 69—1995

《城市道路绿化规划与设计规范》CJJ 75—1997

《城市用地竖向规划规范》CJJ 83—1999

《城市道路照明设计标准》CJJ 45—2006

《城市旅游导向系统设置原则与要求》LB/T 012—2011

《旅游景区公共信息导向系统设置规范》LB/T 013—2011

《城市道路空间规划设计规范》DB11/1116—2014

《牌匾标识设置规范》DB11/T 1183—2015

《门牌、楼牌设置规范》DB11T 856—2012

《户外广告设施技术规范》DB11/T 243—2014

《园林绿化工程施工及验收规范》DB11/T 212—2009

《雨水控制与利用工程设计规范》DB11/685—2013

《地下设施检查井双层井盖》DB11/147—2002

《公共汽电车站台规范》DB11/T 650—2009

《北京市居住区办公区生活垃圾分类收集和处理设施配套建设标准（试行）》

《城市公共设计建设指导性图集》（首规办 [2016]1 号）

《建筑构造通用图集——北京四合院建筑要素图》88J14-4(2006)

《国家建筑标准设计图集》11SJ937-1（3）不同地域特色传统村镇住宅图集（下）

《室外工程一围墙、围栏》图集 08BJ9-1（88J）

《室外工程一路、台、坡、棚图集》 08BJ9-2（88J）

《庭院·小品·绿化图集》08BJ10-1（88J）

《无障碍设施图集》10BJ12-1（88J）

《无障碍设计图集》12J926

《北京市政策性住房建筑立面设计指导性图集》

《北京市室外无障碍设施设计指导性图集》

《北京市城市道路空间无障碍系统化设计指南配套图集》

《北京历史文化街区传统风貌控制及设计导则》

《北京城市道路空间规划设计指南》

《北京市城市道路空间无障碍系统化设计指南》

《首都环境办公室区域环境整体提升工作手册》

《北京市老旧小区综合改造工程指导性图集》

《北京市老旧小区综合改造工程实例汇编》

其他区相关文件：

《"百街千巷"东城区街巷环境整治设计导则手册》

《"百街千巷"东城区街道环境提升十要素设计导则》

《东城区南锣鼓巷历史文化街区风貌保护管控导则》

《东城区传统民居（四合院）建设要素指导手册》

《朝阳区街区设计导则（初稿）》

附录

附录 3 Appendix 3

参考文献

[1] NCPC.2002.The National Capital Urban Design and Security Plan[R]. www.ncpc.gov

[2] Patricia Smith, ASLA, AICP or Cityworks Design, 2002, Downtown Design Guide[R].http://www.urbandesignla.com/resources/docs/DowntownDesign Guide/hi/Downtown Design Guide.pdf

[3] Transport Of London .Streetscape Guidance 2009.Executive Summary[R]. tfl.gov.uk/streetscape

[4] Streetscape Guidance 2009: Executive Summary A guide to better London Streets[R]. Transport for London.2009

[5] National Association of City Transportation of Officials.2013. Urban Street Design Guide[M].Washington ,DC: Island Press.

[6] Convener and Vice Convener of the Planning Committee 2013 Edinburgh Design Guidance[R].http://www.edinburgh.gov.uk/downloads/file/2975/edinburgh_design_guidance

[7]Boston Complete Streets Design Guidelines[R]. www.bostoncompletestreets.org. 2013

[8] NACTO.2016.Global Street Design Guide[M].Washington ,DC: Island Press

[9] （美）凯文·林齐 . 项秉仁译 . 城市意象 [M]. 北京：华夏出版社 ,2001

[10] （美）克里斯多弗·亚历山大等著 . 周序鸿译 . 建筑模式语言 [M]. 北京：知识产权出版社 ,2002

[11] （丹麦）扬·盖尔 . 何人可译 . 交往与空间 [M]. 北京：中国建筑工业出版社 ,2002

[12] （美）柯林·罗 . 童明译 . 拼贴城市 [M]. 北京：中国建筑工业出版社 ,2003

[13] （加）简·雅各布斯 . 金衡山译 . 美国大城市的死与生 [M]. 南京：译林出版社 ,2005

[14] （日）芦原义信 . 尹培桐译 . 街道的美学 [M]. 天津：百花文艺出版社 ,2006

[15] （美）阿兰·B·雅各布斯著 . 城市大街：景观街道设计模式与原则 [M]. 台湾：地景企业股份有限公司 ,2006.

[16] （英）卡门·哈斯克劳，英奇·（英）诺尔德等 . 郭志锋陈秀娟译 . 文明的街道：交通稳静化指南 [M]. 北京：中国建筑工业出版社 ,2008

[17] （美）阿兰·B·雅各布斯著 . 王又佳，金秋野译 . 伟大的街道 [M]. 北京：中国建筑工业出版社 ,2009

[18] （丹麦）扬·盖尔 . 欧阳文，徐哲文译 . 人性化的城市 [M]. 北京：中国建筑工业出版社 ,2010

[19] （英）斯蒂芬·马歇尔 . 苑思楠译 . 街道与形态 [M]. 北京：中国建筑工业出版社 ,2011

[20] （英）彼得·琼斯，（澳）纳塔莉亚·布热科等 . 孙壮志等译 . 交通链路与城市 [M]. 北京：中国建筑工业出版社 ,2012

[21] （法）菲利普·巴内翰等 . 城市街区的解体：从奥斯曼到勒·柯布西耶 [M]. 北京：中国建筑工业出版社 ,2012

[22] （美）彼得·卡尔索普，杨保军，张泉 .TOD 在中国：面向低碳城市的土地使用与交通规划设计指南 [M]. 北京：中国建筑工业出版社 ,2014

[23] （德）佩特拉·芬克 . 张晨，殷文文译 . 城市街道景观设计 [M]. 沈阳：辽宁科学技术出版社 ,2014

[24] （美）维克多·多佛，（美）约翰·马森加尔 . 程玺译 . 街道设计：打造伟大街道的秘诀 [M]. 北京：电子工业出版社 ,2015

[25] （意）保罗·塞克恩，（意）劳拉·詹皮莉 . 慢行系统：步道与自行车道设计 [M]. 桂林：广西师范大学出版社 ,2016

[26] （美）威廉·H·怀特 . 叶齐茂，倪晓晖译 . 小城市的社会生活 [M]. 上海：上海译文出版社 ,2016

[27] （卢）罗伯·克里尔 . 金秋野译 . 城镇—传统城市主义的当代诠释 [M]. 南京：江苏凤凰科学技术出版 ,2016

[28] 熊梦祥 . 析津志 [M]. 北京：北京古籍出版社出版 ,1983

[29] 马炳坚 . 中国古建筑木作营造技术 [M]. 北京：科学出版社 ,1991

[30] 翁立 . 北京的胡同 [M]. 北京：北京美术摄影出版社 .1993

[31] 刘大可 . 中国古建筑瓦石营法 [M]. 北京：中国建筑工业出版社 , 1993

[32] 马炳坚 . 建筑构造通用图集——北京四合院建筑要素图 [R]. 天津：天津大学出版社 ,1999

[33] 北京市规划委员 . 北京旧城二十五片历史文化保护区保护规划 [M]. 北京：北京燕山出版社 ,2002

[34] 陈刚等主编 . 北京历史文化名城北京皇城保护规划 [M] 北京：中国建筑工业出版社 , 2004

[35] 王军 . 城记 [M]. 北京：生活·读书·新知三联书店 .2004

[36] 张复合 . 北京近代建筑史 [M]. 北京：清华大学出版社 ,2004

[37] 王世仁等 . 东华图志 [M]. 天津：天津古籍出版社 ,2005

[38] 陈丹燕 . 永不拓宽的街道 [M]. 南京：南京大学出版社 ,2008

[39] 张鹏.都市形态的历史根基[M].上海：同济大学出版社,2008

[40] 业祖润.北京民居[M].北京：中国建筑工业出版社,2009

[41] 北京卷编辑部.当代中国城市发展北京卷[M]北京：当代中国出版社,2011

[42] 王世仁等.增订宣南鸿雪图志[M].北京：中国建工出版社,2015

[43] 上海市规划和国土管理局等.上海街道城市设计导则[M].上海：同济大学出版社,2016

[44] 陆翔、王其明.北京四合院[M].北京：中国建筑工业出版社,2017

[45] 吴元增.西城之最[R]北京：西城区区委宣传部,2012

[46] 马炳坚.关于四合院保护区街道环境提升要素设计的意见[R].2017

[47] 李宏铎.百万庄住宅区和国棉一厂生活区调查[J].建筑学报,1956(06):19-29

[48] 赵士修.城市特色与城市设计[J].城市规划,1998(04):2

[49] 吴良镛.中国传统人居环境理念对当代城市设计的启发[J].世界建筑,2000(01):82-85

[50] 金广君.美国城市设计导则介述[J].国外城市规划.2001(02):6-9+48

[51] 张复合.北京近代建筑史研究与北京现代城市建设[J].建筑史论文集（第15辑）,2002(01):155-162+269

[52] 朱嘉广.旧城保护与危改方法[J]北京规划建设,2003(4):52

[53] 王军.北京历史文化名城保护的实践及其争鸣（续)[J].北京规划建设,2004（12）:80

[54] 边兰春,井忠杰.历史街区保护规划的探索和思考——以什刹海烟袋斜街地区保护规划为例[J].城市规划,2005(09):44-48+59

[55] 马炳坚.四合院工程十滥[J].北京规划建设,2008(1):62

[56] 徐苹芳.论北京旧城的街道规划及其保护[J].北京联合大学学报·人文社会科学版,2008(1):26

[57] 董西平.北京人文地理·西城卷[J].北京：中国地图出版社,2010(12):134

[58] 王建国,王兴平.绿色城市设计与低碳城市规划——新型城市化下的趋势[J].城市规划,2011(02):20-21

[59] 王建国.21世纪初中国城市设计发展再探[J].城市规划学刊,2012(1):1-8

[60] 姜洋,王悦,解建华,刘洋,赵杰.回归以人为本的街道：世界城市街道设计导则最新发展动态及对中国城市的启示[J].国际城市规划,2012(05):65-72

[61] 边兰春.历史城市保护中的整体性城市设计思维初探[J].西部人居环境学刊,2013,04:7-12

[62] Michael R Gallagher,王紫瑜.追求精细化的街道设计——《伦敦街道设计导则》解读[J].城市交通,2015(04):56-64

[63] 王军.关于泉州城南历史街区保护的意见[J].福建文化调查,2015(05):2

[64] 葛岩,唐雯.城市街道设计导则的编制探索——以《上海市街道设计导则》为例[J].上海城市规划,2017(01):9-16

[65] 倪锋,张悦,黄鹤.北京历史文化名城保护旧城更新实施路径刍议[J].上海城市规划,2017(02):65-69

附录 4 Appendix 4

图表及案例照片索引

附录